AF578969

PUBLICATIONS SCIENTIFIQUES-INDUSTRIELLES DE E. LACROIX

DESCRIPTION ET DONNÉES NUMÉRIQUES

DES

PRINCIPAUX SYSTÈMES

DE

CHAUDIÈRES FIXES

ACTUELLEMENT EN USAGE

PAR

M. A. ORTOLAN

MÉCANICIEN EN CHEF DE LA FLOTTE

PARIS

LIBRAIRIE SCIENTIFIQUE, INDUSTRIELLE ET AGRICOLE

Eugène LACROIX, Imprimeur-Éditeur

Libraire de la Société des Ingénieurs civils de France, de celle des anciens Élèves des Écoles nationales d'Arts et Métiers, de la Société des Conducteurs des Ponts et Chaussées de MM. les Mécaniciens de la Marine nationale, etc., etc.

54, RUE DES SAINTS-PÈRES, 54

Imprimerie à Saint-Nicolas-de-Port (Meurthe)

DESCRIPTIONS ET DONNÉES NUMÉRIQUES

DES

PRINCIPAUX SYSTÈMES DE CHAUDIÈRES FIXES

ACTUELLEMENT EN USAGE

La faculté de vaporisation des chaudières et un des principaux éléments de la puissance réelle des machines à vapeur. Il reste beaucoup plus de progrès à atteindre par les appareils générateurs que par la machine elle-même. C'est en ces termes que nous exprimions l'opinion des ingénieurs et des mécaniciens, au début d'un travail d'une certaine étendue publié dans les *Études sur l'Exposition universelle* de 1867 (tome Ier, page 57, suite 113, etc.). Les systèmes de chaudières qui ont figuré dans cette mémorable exposition, n'ont pas tous survécu à la circonstance ; le plus grand nombre a été introduit dans la pratique et justifie plus ou moins des espérances fondées. Les renseignements que nous avons pu réunir, permettent de constater un progrès sensible dans l'importante question de l'utilisation du combustible brûlé dans les chaudières actuellement en usage ; nous les résumerons dans la présente note, sous la forme descriptive et dans les données numériques relatives aux dimensions principales.

Le classement par type donne la nomenclature suivante comprenant les systèmes étudiés ici :

Chaudières à bouilleurs, non tubulaires.	système	Powell . . .	fig. 1
	—	Tembrinck et Bonnet	fig. 2
Chaudières à bouilleurs, tubulaires, à flamme directe.	—	Munier.	fig. 3
	—	Chevalier	fig. 4
	—	Farcot.	fig. 5
	—	Cail	fig. 7
	—	Imbert.	fig. 8
Chaudières à bouilleurs, tubulaires, à retour de flamme.	—	Hougel et Teston. . .	fig. 6
	—	Le Cherf.	fig. 9
	—	Durenne.	fig. 10
	—	Thomas et Laurens .	fig. 11
	—	Chevalier	fig. 12
	—	Galloway	fig. 13
Chaudières verticales à lames ou à bouilleurs.	—	Hermann-Lachapelle .	fig. 14
	—	Thirion	fig. 15
	—	Holt	fig. 16,17

Chaudières dites inexplosibles.	— Joly	fig. 18
	— Howard	fig. 23
	— Maulde et Vibart. . .	fig. 24
	— Belleville.	fig. 25,26
	— Field	fig. 27
Chaudières à foyer et à fourneaux d'un système tout à fait spécial.	— Foyers parallèles et à creuset . . .	fig. 20,21,22

Mesure de la puissance de vaporisation. En service courant, les meilleurs générateurs ne produisent pas plus de 7 kilogr. de vapeur par kilogr. de combustible brûlé. Si cette donnée était constante, un progrès réel serait accompli, mais la moyenne de la production dans les chaudières directes ci-après, ne dépasse pas 5 kilogr., bien que des expériences isolées aient donné un rendement plus élevé. De cette différence, il résulte souvent des erreurs fâcheuses lorsqu'il s'agit de faire le choix de la grandeur d'une chaudière pour une machine dont la puissance est exactement connue.

On est forcé de reconnaître l'insuffisance des moyens ou des calculs en usage pour déterminer exactement le pouvoir générateur d'une chaudière. Parmi les méthodes proposées, celle qui s'écarte le moins de la vérité dans la durée d'un long service et dans les conditions d'un bon entretien, est de compter sur une vaporisation de 20 kilogr. d'eau par heure et par mètre carré de surface de chauffe, à la condition que le rapport entre la surface de chauffe et la surface de grille sera dans les limites de 30 à 40 ; soit en moyenne :

$$\text{Puissance vaporisatrice} = \frac{\text{surface de chauffe totale}}{\text{surface de grille}} = 35.$$

Nous avons eu l'occasion de vérifier une formule empirique appliquée aux chaudières fixes, déduite de celle proposée par Armstrong pour les chaudières marines ; elle donne des résultats très-rapprochés de l'exactitude, particulièrement sur les générateurs tubulaires et à bouilleurs.

Désignant par P puissance vaporisatrice.
S surface de grille en mètres carrés.
F surface de chauffe en mètres carrés.

On pose : $$P = 6 . \sqrt{S . F.}$$

La formule d'Armstrong est :

$$P = \frac{1}{2}(F + S),$$

F exprimant la surface de chauffe en yards carrés.
S — de grille en pieds carrés.

Dans cette question importante, on néglige habituellement l'élément le plus actif, l'habileté du chauffeur et l'état d'entretien de l'appareil. Aussi les mécomptes sont fréquents et fréquemment attribués à tort, au système d'installation. Entre un chauffage bien conduit et un chauffage négligé, il y a une différence de résultat du double au simple.

Pour entrer dans un examen critique des générateurs décrits ci-après, nous signalerons les observations principales auxquelles ils ont donné lieu.

Chaudière à bouilleur non tubulaire, à deux foyers intérieurs, système Powell, pl. XXXVII, fig. 1, coupe longitudinale et 1/2 coupe transversale. Échelle de 133 millim. par mètre.

Le corps de chaudière est cylindrique et logé dans une maçonnerie en briques réfractaires; à la suite de chacun des foyers *ff*, et après la chambre à feu F (coupe longitudinale) se trouve un bouilleur *gg* mis en communication avec l'eau par le manchon *n* et avec la vapeur du cylindre enveloppe par le manchon *f' e* et par un tube de cuivre *h*. La flamme lèche les bouilleurs *gg* ; les gaz chauds et les produits volatils de la combustion passent de la chambre M dans la galerie R (coupe G H) qui règne sur une certaine étendue autour et le long du corps de la chaudière, et s'évacuent dans la cheminée par le canal de déversement H. Un trou d'homme *o*, donne passage dans la chambre à fumée M pour le ramonnage des galeries. La forme cylindrique de l'enveloppe et des foyers donne une très-grande résistance à ce système de générateur ; résistance augmentée par des cercles en fer *p*, *p*, *p* de 25 à 30 centimètres de largeur, servant de couvre-joints à l'assemblage des tôles fait bout à bout.

La consolidation des faces planes est établie au moyen de cornières *m*, *m* dirigées obliquement du haut et du bas du cylindre sur les faces planes, et au moyen de grands tirants horizontaux T, T aboutissant de l'une à l'autre face de la chaudière.

Ce système, en tant que disposition générale, est depuis longtemps connu dans la pratique sous le nom de *chaudière de Cornouailles*. Il comportait primitivement une très-grande surface de grille, dans le but de pouvoir profiter de l'économie de combustible résultant d'une combustion lente. La chaudière de M. Powell ne pourrait prétendre à un succès dans cette condition ; la surface de grille, bien que sensiblement plus grande que dans les générateurs à combustion active, n'atteint pas les dimensions exigées. La partie occupée par l'eau paraît présenter des obstacles à la circulation, mais ce n'est là qu'un défaut apparent, la pratique n'a pas donné de résultats défavorables, à ce dernier point de vue.

La formule empirique posée ci-avant donne pour la puissance vaporisatrice P, de la chaudière (fig. 1) :

$$P = 6 . \sqrt{S . F} = 6 \times \sqrt{82 \times 2{,}10} = 78 \text{ chevaux.}$$

Les dimensions des parties principales sont les suivantes :

Surface de grille.	2^{m2},10
— de chauffe exposée à la flamme	6 ,60
— — totale	82 ,00
Rapport de la surface de chauffe à celle de la grille . . .	39
Volume de l'eau	17^{m3},00
— de la vapeur.	3 ,00

Chaudière à bouilleurs, à deux foyers extérieurs, système Tembrinck et Bonnet. Pl. XXXVIII, fig. 2, coupe longitudinale et transversale. Échelle de 14 millim. par mètre.

La disposition de cette chaudière est favorable à la fumivorité en raison de la grande hauteur entre la surface de la grille et les bouilleurs, et en raison de la division de cette surface en deux foyers permettant de charger alternativement chacun d'eux avec plus de soin, sans donner lieu à une abondante formation de fumée. Ce dernier inconvénient est évidemment d'autant plus persistant que la charge de combustible frais est plus grande en une seule fois.

Chacun des petits bouilleurs *d*,*d* (coupe EF) est entièrement logé dans un fourneau formé par la chambre voûtée *v*,*m*. Les gaz chauds passent de *b* dans les galeries qui entourent le grand bouilleur *a* sur les deux tiers de sa circonférence et qui se prolongent assez en arrière pour former une boîte à fumée spacieuse ; ils viennent toucher ensuite les cylindres réchauffeurs de l'eau d'alimentation *r*, *r*, *r*. Cette dernière installation procure évidemment une économie de combustible appréciable.

Au sujet de la grande hauteur qui existe entre la grille et la voûte *v* formant le ciel du fourneau, il y a lieu de remarquer qu'une disposition si conforme aux indications de la pratique et de la théorie, est rarement adoptée par les constructeurs : la combustion d'un volume donné de gaz combustible ne peut se produire complétement, que dans un espace suffisamment grand pour ne pas gêner la dilatation et le mélange des différents éléments générateurs. C'est là le premier point de ce principe si naturel et si souvent oublié : ne commencer le chauffage qu'après être arrivé à la combustion complète des gaz mis en liberté ou formés dès le début du phénomène de la combustion.

Les dimensions principales de la chaudière Tembrinck, représentée fig. 2, donneraient une puissance de 60 chevaux seulement, d'après la formule empirique déduite des expériences d'Armstrong et modifiée pour l'application aux chaudières à bouilleurs et tubulaires.

Surface de grille	1^{m2},76
— de chauffe totale	54 ,00
Rapport de la surface de chauffe à la surface de grille . .	30 ,68
Volume de l'eau.	10^{m3},00
— de la vapeur	3 ,00

Chaudière tubulaire à flamme directe à foyer intérieur, système Meunier. Pl. XXXVII, fig. 3. Echelle de 18 millim. par mètre.

La forme extérieure est cylindrique, sauf à la partie comprise dans toute la longueur du fourneau qui est en tôle d'acier (coupe CDE) ; le ciel de celui-ci est rendu solidaire de l'enveloppe par des tirants T, T liés à des fers de cornière *n*, *n*, dans le haut, et à une armature *f f* fixée au fourneau, dans le bas. Cette installation est imitée de ce qui existe dans les chaudières de locomotives et présente une résistance très-grande.

Les faces avant et arrière *a b*, *t o*, sont planes ; elles sont maintenues contre la pression intérieure par des fers de cornière *m*, *m* qui augmentent leur rigidité.

De la grille, la flamme passe dans la chambre de combustion F, dans les tubes *t t ;* les gaz chauds rendus dans la boîte à fumée *t o* se distribuent dans les galeries R, R en agissant sur les deux tiers environ de la surface extérieure du cylindre enveloppe. Une porte de ramonnage *p* sur l'arrière, une autre *g* dans le fond de la chambre de combustion F, des trous d'homme *o*, *o'* permettent un entretien facile de la propreté dans les parties où l'encombrement par la suie, les dépôts terreux, etc., occasionnent une diminution importante de l'utilisation de la chaleur produite.

Le faisceau tubulaire comprend 74 tubes en fer de 65 millimètres de diamètre intérieur et de 5 mètres de longueur. La chambre de combustion F a environ 50 centimètres de longueur. Ces deux parties principales de la chaudière ne sont pas dans les meilleures conditions de dimensions ; les tubes ont un diamètre trop petit pour leur longueur et la chambre F ne laisse pas assez d'espace libre entre l'autel et l'orifice des tubes. L'expérience conduira le constructeur à tenir compte dans une plus grande mesure des critiques judicieuses de Williams sur les générateurs tubulaires [1].

Surface de grille	$1^{m^2},68$
— de chauffe.	99 ,00
Rapport de la surface de chauffe à celle de la grille.	58
Volume de l'eau.	$6^{m^3},200$
— de la vapeur.	2 ,300

La chaudière Meunier construite dans les dimensions indiquées (fig. 3), aurait une puissance vaporisatrice de $P = 6 \times \sqrt{99 \times 1,68} = 109$. Il est probable que cette puissance serait produite pendant un essai isolé, alors qu'il n'y a pas encore d'engorgement des tubes par la suie et le fraisil ; mais en service courant, il faudrait ne compter que sur un rendement de 80 à 90 chevaux.

Chaudière tubulaire à flamme directe, à foyers intérieurs amovibles, système Chevalier. Pl. XXXVII, fig. 4. Echelle de 12 millim. par mètre.

L'amovibilité du foyer d'une chaudière ne présente pas de tels avantages qu'il faille y sacrifier une part de la solidité de l'ensemble. L'enlèvement complet et facile des dépôts séléniteux sur les tubes est une obligation impérieuse, si on veut faire profiter en entier des avantages présentés par l'emploi des générateurs tubulaires, c'est-à-dire de produire beaucoup de vapeur dans une chaudière relativement peu volumineuse. La question d'économie de combustible avec ce système n'est pas encore suffisamment prouvée, car les détériorations inhérentes à l'arrangement tubulaire s'y produisent brusquement pour ainsi dire, après un certain temps de service continu. L'amovibilité du foyer en entier, ou seulement du faisceau tubulaire, étant démontrée nécessaire, il est important de la rendre facile et de remettre tout en place sans risquer de laisser des fuites d'eau ou de vapeur entre les joints de liaison.

La chaudière Chevalier parait présenter des conditions de pratique suffi-

[1] *Combustion du charbon*. 1 vol. Librairie Lacroix.

santes aux deux points de vue indiqués plus haut, sans toutefois avoir atteint le progrès désirable. Par un joint, avec colerettes et boulons à écrous, au chanvre et au mastic de minium, les tôles planes *a b* et *c d* sont retenues au cylindre *a b c d* formant le réservoir d'eau; ces tôles sont les parties de l'avant et de l'arrière du cylindre *e f*, *t'* qui contient la grille, la chambre de combustion F et le faisceau tubulaire *t t'*. Un bouilleur V surmonté d'un cylindre V' constitue un réservoir de vapeur très-spacieux, détail très-important dans une chaudière et généralement négligé dans les calculs des projets de construction. La flamme et les produits gazeux passent directement de la chambre de combustion dans les 25 tubes de cuivre de $1^m,60$ de longueur sur $0^m,10$ de diamètre; ils s'écoulent par les galeries latérales R, R, et avant d'arriver à la cheminée ils touchent les bouilleurs inférieurs *g g*, qui sont en réalité des réchauffeurs actifs de l'alimentation.

Les dimensions de la chaudière (fig. 4), sont les suivantes :

Surface de grille.	$60^{m2},00$
— de chauffe totale	1 ,40
Rapport de la surface de chauffe à celle de la grille . .	42
Volume de l'eau.	$8^{m3},800$
— de la vapeur	2 ,200

La puissance vaporisatrice serait de $P = 6 \cdot \sqrt{60 \times 1,40} = 55$ chevaux.

Il n'est pas sans intérêt de remarquer que dans cette chaudière, trois points principaux ont été étudiés et ont été résolus dans des limites rationnelles : chambre de combustion longue ; tubes courts et d'un diamètre comparativement grand ; coffre à vapeur spacieux. Le progrès est bien compris par le constructeur.

Chaudière à bouilleurs et à tubes, à flamme directe et à foyer amovible, système Farcot. Pl. XXXVIII, fig. 5. Echelle de 15 $^m/_m$ par mètre.

Deux bouilleurs cylindriques, *ab* et *cd* sont réunis par des manchons ou calottes *ee* à grande section ; l'ensemble est logé soit dans une maçonnerie de briques réfractaires formant autour des bouilleurs des galeries M, M', N, N', soit dans une chambre à section tronc-conique formée par deux tôles rapprochées en *p*, *p* et dont l'entre-deux est rempli d'un feutre ou d'un plastique isolant la chaleur. Dans le bouilleur inférieur *cd*, le foyer amovible est établi de la manière suivante : deux cornières longitudinales placées à la hauteur du diamètre horizontal du grand bouilleur, sont fixées à l'intérieur des galeries contre l'enveloppe et forment ainsi un chemin de fer sur lequel, par des galets *g*, *g*, repose le cylindre intérieur au grand bouilleur (voir coupe transversale). Ce cylindre, qui n'est autre chose que le foyer complet avec ses tubes, peut donc facilement entrer dans le corps de chaudière et en sortir comme l'indique la coupe longitudinale dans la partie pointillée à l'avant ; le galet du bas *g'* est ajouté au moment de faire la manœuvre pour sortir le foyer. Un joint à colerette BB sur l'avant, et un autre AB sur l'arrière réunissent solidement le foyer au bouilleur. Cette disposition est bien combinée et parait être pratique.

Les tubes t font directement suite à la grille ll' ; la chambre de combustion F, entre l'autel et la plaque de tôle, est suffisamment spacieuse pour que le mélange de l'air et du gaz sortant du foyer se fasse dans de bonnes conditions. A la sortie des tubes, les gaz chauds passent dans la chambre M, dans les galeries M' M', descendent dans les galeries N, N', et après avoir ainsi touché presque toute l'étendue de la surface extérieure de la chaudière, ils s'écoulent au dehors par la cheminée aboutissant à la galerie de déversement H ; un registre à papillon s permet de régler le tirage, sa tringle de manœuvre i est à la portée du chauffeur.

La longueur de la grille est de $2^m,30$ et sa largeur de $1^m,35$; elle représente donc l'énorme superficie de $3^{m^2},10$. L'inventeur prétend que les barreaux du fond, qui n'ont que $0^m,90$ de longueur et donnant par suite une surface d'ensemble de $1^m,21$, constituent une grille supplémentaire dont l'emploi est réservé pour les cas où il serait nécessaire de produire une très-grande quantité de vapeur. Cette prétention est acceptable à la condition de faire usage d'un autel volant, comme ceux en usage dans les chaudières marines, qui permette d'augmenter ou de diminuer à volonté la surface active de la grille en éloignant ou en rapprochant l'autel volant de l'autel fixe.

Les dimensions principales de la chaudière (fig. 5) sont les suivantes :

Surface de grille	$3^{m^2},10$
Surface de chauffe totale	120 ,00
Rapport de la surface de chauffe à celle de grille	38 ,67
Volume de l'eau	$10^{m^3},00$
Volume de la vapeur	4 ,00

La formule empirique ci-après donne pour la puissance de vaporisation P :

$$P = 6 \cdot \sqrt{3,10 \times 120} = 114 \text{ chevaux.}$$

Chaudière tubulaire à flamme directe à foyer intérieur et à tubes démontables, système Cail. Pl. XXXIX, fig. 7. Échelle de 15 millim. pour 1 mètre.

Un grand cylindre horizontal DD forme l'enveloppe de la chambre à eau ; il contient 110 tubes tt d'une longueur de $4^m,80$, de 65 millim. de diamètre, et la boite à feu f, reliée par une tubulure en fonte T, au conduit de la cheminée H. Les tubes viennent aboutir à un cylindre vertical aa, bb, contenant la grille et la chambre à feu ; une enveloppe circulaire dd surmontée du coffre à vapeur VV' est concentrique au foyer, et se relie au cylindre horizontal DD. Cette partie de l'avant de la chaudière est appuyée sur un socle creux ss qui forme le cendrier.

Surface de grille	$1^{m^2},975$
— de chauffe totale	$120^{m^2},000$
Rapport de la surface de chauffe à celle de la grille	69
Volume de l'eau	$5^{m^3},300$
— de la vapeur	$2^{m^3},200$

La puissance vaporisatrice donnerait $P = 6. \sqrt{69 \times 1,75} \doteq 66$ chevaux.

La critique de cet appareil porte sur la longueur des tubes ($4^m,80$) et leur faible diamètre (65 millim.) proportionnellement à leur longueur. Une bonne utilisation de la chaleur dans les chaudières à longs tubes et de faible section, n'est possible qu'avec un tirage forcé. C'est un fait aujourd'hui irrécusable. La chaudière de M. Cail ne s'explique que dans le cas où, comme dans les locomobiles, il est indispensable de limiter la largeur et la hauteur du générateur dans un espace restreint, et de gagner sur la longueur l'espace nécessaire à une surface de chauffe très-étendue.

Chaudière tubulaire à deux foyers intérieurs à flamme directe ; système Houget et Teston. Pl. XXXIX, fig. 6. Échelle de 14 millim. par mètre.

Dans un cylindre-enveloppe sont établis : 1° un cylindre BC formant la chambre à feu ; 2° un faisceau tubulaire *tt'* à la suite de cette dernière ; 3° deux cylindres *f*,*f'* contenant chacun une grille et un cendrier ; la chambre à fumée *t* est prise dans la maçonnerie. Cette dernière disposition occasionne une perte de chaleur assez importante dans les générateurs qui laissent peu de longueur entre l'autel et la boite à fumée : la température des gaz s'y trouve encore entre 400 et 500°, et mieux vaudrait utiliser cette chaleur en ménageant autour de l'enveloppe des galeries de communication entre la boite à fumée et la cheminée.

Les tubes ont $2^m,80$ de longueur et 10 centimètres de diamètre ; la proportion est favorable à une bonne utilisation de la chaleur.

La division du foyer en deux fourneaux est une complication dont le bon résultat n'est pas justifié ; ce qu'on gagne par le fait de l'augmentation de la surface de chauffe est compensé par la perte qu'occasionne une combustion incomplète lorsque le foyer est étroit et long. L'expérience a toujours donné raison aux constructeurs de chaudière qui établissent les foyers dans ces conditions :

Grille large et courte ;

Chambre de combustion au-dessus de la grille, haute et à ciel légèrement courbe ;

Cendrier haut et à niveau du sol.

Le générateur Houget et Teston est particularisé par la grande chambre de combustion située entre l'autel et le faisceau de tubes, disposition favorable à un bon rendement. Le coffre à vapeur (V et V') n'est pas suffisamment spacieux. La partie annexe V' pouvait être augmentée en volume sans aucun inconvénient.

L'application de la formule empirique, avec les dimensions suivantes mesurées sur l'appareil : donne, $P = 6\sqrt{90,4 \times 2,4} = 88$ chevaux.

Surface des grilles	$2^{m^2},40$
— de chauffe totale.	$120^{m^2},00$
Rapport de la surface de chauffe à celle de la grille.	50
Volume de l'eau	$11^{m^3},300$
— de la vapeur.	$2^{m^3},400$

Chaudière cylindrique tubulaire pour locomobile à foyer intérieur, à flamme directe, système Imbert. Pl. XXXIX, fig. 8. Échelle de 33 millim. pour 1 mètre.

Dans un cylindre *cd*, est installé un foyer *ab* à section circulaire ; un faisceau de tubes TT fait suite à une chambre à feu très-peu spacieuse ; la chambre à fumée TH est comprise dans le cylindre enveloppe ; les gaz s'écoulent directement au dehors avec une température qu'il serait possible d'abaisser au profit de la vaporisation, sans nuire au tirage dans le foyer, c'est-à-dire en dirigeant les gaz autour de la partie supérieure du bouilleur, avant de la conduire dans la cheminée, ou tout au moins en les employant à chauffer l'eau d'alimentation dans un réservoir à part.

La disposition de l'ensemble de cette chaudière est des plus simples. La critique des systèmes à tubes longs et de petit diamètre s'y applique, sans compensation du bénéfice d'un foyer à ciel élevé. La grille est dans de bonnes proportions. Le magasin de vapeur VV' se rapproche beaucoup des dimensions avantageuses à la formation d'une vapeur *peu humide* et sans entraînement d'eau permanent.

Les tôles de la chaudière Imbert sont *soudées* les unes aux autres ; la construction de la chaudronnerie de fer réalise par ce fait un très-grand progrès et particulièrement celle des générateurs de vapeur dont la partie qui s'use le plus promptement est la ligne de jonction des coutures[1].

Les dimensions principales de la chaudière Imbert, représentée fig. 8, donnent les nombres ci-dessous :

Surface de chauffe	$15^{m2},00$
— de grille	$0^{m2},80$
Rapport de la surface de chauffe à celle de la grille.	$18^{m2},75$
Volume de l'eau	$2^{m3},700$
— de la vapeur	$0^{m3},727$

La puissance vaporisatrice calculée avec la même méthode que pour les systèmes précédemment décrits, serait de 6 chev., 6. Mais comme on l'a fait remarquer, la formule empirique s'écarte de la vérité dans les cas où le rapport de la surface de chauffe à celle de la grille n'est pas compris entre 30 et 40.

Chaudière à bouilleurs, tubulaire, à foyer extérieur à retour de flamme, système Lecherf. PL. XXXVIII, fig. 9. Échelle de 1 millim. par mètre.

Dans cette chaudière, que l'inventeur a qualifiée de *Chaudière mixte*, se trouvent réunis un certain nombre d'avantages réels, sans que la complication de l'installation soit bien grande : au départ du foyer ménagé dans la maçonnerie enveloppant toute la chaudière, la flamme et les gaz chauds lèchent le dessous des deux bouilleurs I I (coupe CD et EF), arrivent ensuite dans la chambre F (coupe MN), passent dans 34 tubes en cuivre de $0^{m},10$ de diamètre rangés horizontalement dans le grand bouilleur *a b*, arrivent dans la chambre M (coupe GH) et se rendent à la cheminée H par des galeries *ab'*N ménagées autour de la partie supérieure du grand bouilleur ; dans ces deux galeries latérales, les gaz chauds ne touchent pas directement le métal (coupe AB, galerie N), une légère épaisseur de briques recouvre ce dernier ; ainsi la chaleur communiquée à la vapeur contenue dans le réservoir n'est pas susceptible de surchauffer la vapeur, elle la *sèche* simplement. — Pour ce dernier résultat, l'épaisseur de la cloison en briques doit être bien faible, sinon la transmission de la chaleur profitable serait nulle, eu égard à la nature réfractaire de la brique et à la température du bouilleur.

[1] Voir dans un n° suivant l'article de *quelques nouveaux procédés de construction des chaudières.*

Dans le grand bouilleur *ab* (coupe GH), les tubes sont disposés de manière à laisser un espace libre dans la partie du bas, sur un arc limité et au centre des manchons de communication entre les petits bouilleurs et le grand[1] ; ainsi, le dégagement de la vapeur formée dans les bouilleurs I,I, se fait sans obstacle et sans qu'il y ait entraînement d'eau à l'état vésiculaire.

La précipitation des matières terreuses et calcaires, tenues en suspension ou en dissolution dans l'eau de puits ou de rivière, est d'autant plus prompte que la température est plus élevée et que l'expulsion de l'acide carbonique est complète. Ce fait a dû conduire M. Lecherf à ne faire passer que le retour de flamme dans les tubes en cuivre, et à provoquer, pour ainsi dire, la formation des dépôts dans les bouilleurs du bas, exposés à la plus grande chaleur ; ainsi, les tubes en cuivre, conservent leur grande faculté de transmission de calorique, mais les bouilleurs seraient exposés à un surchauffement du métal touché par la flamme vive du foyer, si par des extractions suffisamment rapprochées on n'évacuait pas les dépôts accumulés dans les fonds.

Deux autres avantages importants distinguent la chaudière Lecherf : le nettoyage extérieur de l'appareil est rendu facile par l'espace libre laissé entre les deux séries de tubes écartés dans le bas, vis-à-vis des manchons des bouilleurs (coupe GH), et le volume de l'ensemble est notablement réduit par suite de la disposition des tubes au-dessus des bouilleurs et non dans son prolongement.

En résumé, la *Chaudière mixte* réalise un progrès marquant dans la disposition des générateurs de vapeur, et l'économie de combustible de 20 °/₀ accusée par plusieurs industriels qui l'ont en service, en concurrence avec le système à bouilleurs, non tubulaire, s'explique sans le secours de la discussion des formules numériques.

Le croquis fig. 9 donne les dimensions suivantes :

Surface de chauffe.	$75^{m2},00$
— de grille.	$2^{m2},06$
Rapport de la surface de chauffe à celle de la grille	36
Volume de l'eau.	$7^{m3},00$
— de la vapeur.	$2^{m3},00$
Puissance vaporisatrice : $P = 6,\sqrt{75 \times 2,06} =$	73 chevaux.

Chaudière à bouilleurs, tubulaire, à foyer extérieur, à retour de flamme, système Durenne. PL. XXXVIII, fig. 10. Échelle de 15 millim. pour 1 mètre.

Cet appareil est complétement disposé comme celui de M. Lecherf, on lui donnerait donc à tort le nom de tout autre inventeur. La hauteur des manchons de liaison des petits bouilleurs avec le corps cylindrique V où sont rangés les tubes, le plus grand écartement des bouilleurs (ce qui permet de donner plus de largeur à la grille), sont les seules différences un peu notables entre les deux chaudières (fig. 9 et fig. 10). L'augmentation de la largeur de la grille a permis une augmentation sensible de la puissance de

[1] Cette disposition a été omise par erreur dans la coupe CD et EF.

vaporisation, sans augmentation proportionnelle de volume de l'ensemble. La disposition très-bien comprise de la séparation des tubes en deux groupes, dans la chaudière Lecherf, n'existe pas dans l'appareil construit par M. Durenne.

Surface de chauffe totale	100^{m2}
— de grille	3^{m2}
Rapport de la surface de chauffe à celle de la grille . . .	33,3
Volume de l'eau.	8^{m3},500
— de la vapeur.	2^{m3}

Puissance voporisatrice : $P = 6.\sqrt{100 \times 3} = 103$ chevaux.

Chaudière à bouilleur, tubulaire à retour de flamme, à foyer amovible, système Thomas et Laurens. PL. XXXVIII, fig. 11. Echelle de 14 millim, pour 1 mètre.

Dans un cylindre *abc* de 7 mètres, de longueur et de 1^m, 30 de diamètre, formant le corps de la chaudière, est logé un second cylindre *efg* contenant la grille, le cendrier et la chambre de la combustion; ce dernier ensemble constitue la partie amovible retenue à joint étanche dans le grand cylindre par une bride circulaire *ab* (coupe CD et élévation) un joint avec L, et au moyen de boulons. Les gaz chauds et les produits volatils de la combustion arrivent avec la fumée dans la chambre PP, reviennent dans la direction du fourneau en passant dans la série de tubes rangés au-dessous et sur les côtés du cylindre amovible *efg*, lèchent l'extérieur de la chaudière et s'écoulent dans l'atmosphère en gagnant la cheminée par le conduit en maçonnerie H.

Au point de vue de la production de la vapeur, cette chaudière n'a aucune disposition originale qui fasse espérer un meilleur résultat ; sa grille longue et étroite présente des conditions désavantageuses à une bonne combustion et des difficultés pour l'entretien des feux.

L'amovibilité du foyer est sans contredit un progrès, puisqu'il permet le nettoyage complet de toutes les surfaces de chauffe directe, exposées au feu ; mais la réussite complète des joints n'est pas assurée.

D'ailleurs, l'amovibilité seule des tubes est un moyen moins coûteux, aussi efficace pour permettre le nettoyage, et plus certain de faire arriver à l'étanchéité que l'est le système de foyer démontable [1].

Le croquis (fig. 11) représente une chaudière dont les données numériques sont les suivantes :

Surface de chauffe totale.	36^{m2}
— de grille.	1^{m2},10
Rapport de la surface de chauffe à celle de la grille	32,7

Puissance vaporisatrice : $P = 6.\sqrt{36 \times 1{,}10} = 37$ chevaux.

Chaudière à doubles fourneaux intérieurs, tubulaire, à retour de flamme

[1] Actuellement (juillet 1871), les expériences sont concluantes ; les systèmes de tubes démontables sont nombreux et ont fait leurs preuves. Il en sera donné la description succincte dans l'article deux fois indiqué ici en renvoi.

et à bouilleurs, système Chevalier, de Lyon. Pl. XXXVIII, fig. 12. Échelle de 14 millim. pour 1 mètre.

Dans un grand cylindre *ab* est retenu un autre cylindre par des joints démontables aux deux extrémités ; une séparation en briques *n* divise en deux parties égales la longueur du cylindre amovible, chacune d'elles contient un fourneau. Des tubes en cuivre de 12 millim. de diamètre, forment les conduits de gaz et de fumée de l'arrière de chaque fourneau vers l'avant ; ils aboutissent dans un réservoir ou espèce de boîte à fumée en tôle I, qui communique avec les galeries formées par le cylindre *ab*, les réchauffeurs *rr* de l'alimentation et la maçonnerie enveloppante. Les tubes partent de l'extrémité du ciel du fourneau et sont recourbés à leur point de départ, dans le but d'éviter les disjonctions par suite de dilatation ou de contraction qu'ils subissent au moment de la mise en feu de l'appareil et de l'extinction des feux : l'efficacité de ce moyen est plus apparente que réelle ; dans tous les cas, il crée des difficultés pour le nettoyage et donne lieu à des accumulations de suie et de fraisil dans la partie recourbée.

L'observation faite sur les foyers amovibles, en général, à propos de la chaudière Thomas et Laurent, décrite ci-avant, s'applique sans circonstances atténuantes au système Chevalier. Toutefois, il est juste de reconnaître que la chaudière dont la fig. 12 donne les dispositions de l'ensemble, est très-bien comprise au point de vue de la résistance à la fatigue et de l'utilisation de la chaleur ; au dernier carneau de sortie, les gaz ne doivent plus avoir qu'une température peu supérieure à 200°, température suffisante pour le tirage nécessaire à la combustion économique de la houille. C'est en somme un générateur à placer sur la même ligne que celui du système Lecherf ; à de divers titres, l'un et l'autre ont une valeur industrielle au-dessus de la moyenne.

Surface totale de chauffe.	65^{m2}
— de grille.	$1^{m2},55$
Rapport de la surface de chauffe à celle de la grille.	42
Volume de l'eau.	$8^{m3},500$
— de la vapeur.	$2^{m3},500$

Puissance vaporisatrice : $P = 6 . \sqrt{65 \times 1,55} = 60$ chevaux.

Chaudière à fourneaux intérieurs à tubes verticaux et à retour de flamme, système Galloway. Pl. XXXVIII, fig. 13. Échelle de 15 mil. par mètre.

Un grand cylindre *ab* forme le corps de la chaudière ; deux petits cylindres PP (plan), *cd* (coupe AB), contiennent chacun une grille *n*, un cendrier et un autel (coupe horizontale) ; ils viennent se réunir à un conduit unique *eg* de section elliptique (coupe CD et plan) ; dans le conduit sont rangés en quinconce des tubes verticaux *ttt*, de forme tronc-conique dont la hauteur est de 74 millim., le grand diamètre 210 millim. et le plus petit 105 millim. ; leur surface extérieure est touchée par la flamme et les gaz chauds ; l'eau à vaporiser circule dans leur intérieur en communication avec le grand cylindre *ab* par leurs deux extrémités. La forme tronc-conique et la direction vers le haut du grand diamètre sont favorables à la transmission de la chaleur et au dégagement de la vapeur produite dans chaque tube. Le retour de flamme a lieu par deux galeries latérales formées avec la surface extérieure de l'enveloppe ou grand cylindre *ab* (coupe AB), et l'évacuation se fait dans la cheminée par un carneau sous-jacent à ce même cylindre. Des poches latérales, à la suite de l'autel et placées de distance en distance dans le conduit elliptique, ont pour but de déterminer le mélange des gaz sortant de chacun des fourneaux, et par suite d'empêcher la formation de la fumée au moment de la charge de combustible. En *y* se trouve une porte de vidange. Un cylindre V et un espace libre au-dessus du niveau FF constituent le réservoir de vapeur.

Ce générateur est étudié et établi en parfaite connaissance des causes qui, dans la plupart des chaudières fixes, diminuent la transmission de la chaleur du métal au liquide et la formation abondante de la vapeur dans des espaces où elle ne peut se dégager que *difficilement ;* la construction en est malheureusement compliquée, et nécessite un outillage spécial, toutes choses qui font élever le prix d'achat bien au-dessus de la moyenne des chaudières à bouilleurs et à tubes du système ordinaire, et qui éloignent l'acheteur. Il faut le regretter, car le résultat final paraît être en faveur de la chaudière Galloway.

L'appareil représenté fig. 13, donne les résultats numériques suivants :

Surface de chauffe totale	$67^{m2},00$
— de grille	$2^{m2},20$
Rapport de la surface de chauffe à celle de la grille.	30,5
Volume de l'eau	$14^{m3},00$
— de vapeur.	$3^{m3},640$

Puissance vaporisatrice $P = 6.\sqrt{67 \times 2,20} = 74$ chevaux.

Chaudière fixe ou locomobile verticale à petits bouilleurs, à foyer intérieur, système Hermann-Lachapelle. Pl. XXXVIII, fig. 14. Échelle de 25 millim. pour 1 mètre.

Les moteurs à feu se sont d'abord imposés aux industries qui ont besoin d'une force motrice puissante, et ont remplacé les moteurs hydrauliques ou à vent, dont l'action bien qu'économique, ne pouvait être d'uniformité et de durée constante. Procédant du puissant au plus faible, le progrès s'est étendu petit à petit aux industries, aux fabrications qui n'avaient jamais employé que la force animale représentée par les hommes et les animaux. La nécessité rend ingénieux, dit-on ; c'est une vérité qui a reçu une consécration de plus dans l'invention des petits moteurs à vapeur, pouvant fournir une puissance graduée de 1 à 10 chevaux, de conduite facile, de volume restreint et d'un prix assez peu élevé, pour tenter les petits capitaux dans l'espérance d'une augmentation de bénéfice en peu de temps. C'est ainsi que les appareils dits locomobiles à chaudière cylindrique, verticale, et dont la machine proprement dite est adossée à la chaudière, se sont promptement généralisés. Tels sont les systèmes qui, du nom de leur inventeur, sont désignés par l'appellation, système Bréval, système Maulde et Wibard, système Hermann-Lachapelle, etc. La préférence à accorder à l'un d'eux est bien difficile à établir sur des faits importants ; la différence qui les distingue n'est pas assez caractéristique pour faire prévoir des résultats bien différents, après un service de longue durée. Chacun d'eux a son petit avantage et son petit inconvénient relatifs ; la vogue acquise ou perdue par l'un ou l'autre est plus une question de mode, d'imitation du concurrent ou du voisin, en un mot est plus le produit du genre et de l'étendue de la publicité que la résultante de qualités économiques du système momentanément plus répandu : accorder du temps pour le paiement intégral et livrer à courte échéance, est une formule commerciale dont l'application donnera réputation et bénéfice aux constructeurs d'appareils à vapeur de petite force, à condition évidemment que les appareils ne seront pas inférieurs en rendement utile et en durée à ceux qui, désignés ci-avant, se partagent depuis quinze ans, la faveur des acheteurs et des mécaniciens.

En procédant par le rang de priorité que peut donner le nombre d'appareils en usage en France, le système Hermann-Lachapelle est actuellement en première ligne. La fig. 14 donne une idée assez exacte de la disposition de la chaudière. S'il n'y a pas de critique sérieuse à faire de ce système qui, pas plus que ceux qui l'ont précédé ou suivi, ne peut prétendre à l'économie de combustible, il n'y a pas non plus de mention spéciale en sa faveur : l'augmentation de la surface de chauffe par les bouilleurs I,I,L disposés en croix n'a pas produit le résultat économique qu'on pouvait en espérer. Ce fait prouve, une fois de plus, combien il est important de ne pas *emprisonner* la vapeur formée dans les régions de la chaudière où le contact des surfaces métalliques avec la flamme et les gaz très-chauds détermine une abondante formation de vapeur ; il est facile de comprendre que les bouilleurs transversaux de la chaudière dont il s'agit ne sont pas disposés de manière à faciliter le dégagement des bulles gazeuses dans le réservoir supérieur V. C'est très-souvent à cet oubli d'un principe si évident de vérité, qu'est dû l'insuccès des appareils générateurs parfaitement installés par ailleurs et présentant au premier examen toutes les conditions d'une réussite complète.

Le grand cylindre enveloppe AB contient le foyer formé par le cylindre *cd* ; des portes de nettoyage des bouilleurs de la lame d'eau du bas (*nn*) et du coffre à vapeur (*m*) permettent un entretien facile.

ef est la porte du fourneau ; V, le coffre à vapeur ; H la cheminée.

Pour une puissance au-dessus de 6 chevaux, l'emploi de la chaudière verticale locomobile est onéreuse ; il faut lui préférer le générateur fixe à bouilleurs tubulaires logé dans une maçonnerie de briques réfractaires.

Chaudière locomobile, verticale, cylindrique à foyer intérieur, système Girard et Thirion. Pl. XXXVIII, fig. 15. Échelle de 20 millim. pour 1 mètre.

Cette chaudière est évidemment des plus simples : dans un cylindre extérieur à dôme *ab*, est fixé concentriquement un second cylindre *cd* qui contient le foyer et au haut duquel aboutit la cheminée H ; la partie *h* de la cheminée traverse le coffre à vapeur V et forme ainsi un sécheur de la vapeur. Des tirants *tt* consolident le foyer. La surface de chauffe totale est de $4^m,50$, celle de la grille de $0^m,50$.

Comparé aux chaudières de même catégorie (locomobiles, verticales à foyer intérieur), le système Girard et Thirion est évidemment plus volumineux pour une même puissance. La simplicité de l'arrangement intérieur donne certainement une économie de main-d'œuvre, mais le peu d'étendue de la surface de chauffe qui en résulte, conduit à une augmentation du volume de l'ensemble et à une utilisation plus incomplète de la chaleur dégagée dans le foyer.

Chaudière locomobile, verticale à lames d'eau à foyer intérieur, système Holt. Pl. XL, fig 16, 17, 17 bis.

L'originalité de cet appareil consiste en la disposition des carneaux formés par des cloisons planes donnant des conduits verticaux à section rectangulaire ; ceux-ci aboutissent directement du foyer à la calotte de la cheminée et sont rivés sur les plaques *aa*, *bb* ; la calotte de la cheminée est logée dans le coffre V' et constitue, avec le haut des carneaux qui émerge le niveau du liquide en V, un sécheur de vapeur puissant et économique.

Les parois planes sont consolidées par des entretoises *ee* (fig. 17 et 17 bis) ; des tirants *tt* (fig. 16) contretiennent le corps de chaudière au-dessus de l'ouverture ménagée pour l'entrée du fourneau.

La surface de chauffe est énormément accrue par la multiplicité des carneaux ; mais il est à craindre que dans ceux-ci la flamme et la masse des gaz chauds divisés en lames minces se refroidissant trop vite, donnent naissance à des produits incombustibles et à des dépôts abondants de suie sur les parois métalliques ; ce n'est en tout cas qu'une question du plus ou moins grand nombre de carneaux dans un espace déterminé. L'inventeur du système a dû procéder par des expériences avant de fixer la dimension des lames d'eau.

Les chaudières marines du vaisseau français *le Donawerth* étaient à lames disposées verticalement au-dessus des fourneaux et ne différaient du système Holt qu'en ce que la flamme faisait retour vers la porte du foyer en parcourant les carneaux à section rectangulaire, placés dans la partie occupée par les tubes dans le système tubulaire actuel. L'économie de combustible a été moyennement de 25 %. Mais la durée des appareils a été moins longue que celle des générateurs tubulaires.

Observation sur le calcul de la puissance vaporisatrice des chaudières locomobiles. — La formule empirique appliquée aux chaudières fixes décrites ci-avant, dans lesquelles le rapport de la surface de chauffe totale à celle de la grille est de 30 à 40, ne donne plus un résultat exact, étant appliquée aux chaudières des machines locomobiles dans lesquelles ce rapport est généralement de 9 à 15. En substituant le facteur 3,5 au coefficient 6, on arrive assez près de la vérité pour pouvoir se servir de la formule ainsi modifiée, dans les cas où l'essai direct de vaporisation ne peut être fait.

L'application de cette formule aux appareils représentés fig. 14 et 15, pl. XXXVIII, et fig. 24, pl. XL, donne les nombres suivants :

Systèmes	Surface de chauffe F	Surface de grille f	Rapport $\frac{F}{f}$	Puissance $P = 3,5\sqrt{F \times f}$.
Hermann.	8^{m2},25	0^{m2},785	10,5	9 chevaux
Thirion.	4 ,50	0 ,50	9	4 id.
Maulde.	10	0 ,785	12,7	10 id.

CHAUDIÈRES DITES INEXPLOSIBLES.

Il n'y a pas, à proprement parler, d'appareils générateurs de vapeur *inexplosibles*. Quoi qu'on fasse, il faut toujours arriver à emprisonner un corps doué d'une grande faculté de se détendre, par suite de presser plus ou moins fortement les parois de sa prison, dans un vase dont la résistance est limitée. Qu'on parvienne à diminuer la chance d'explosion en augmentant la solidité du vase soit par sa forme, soit par la nature et l'épaisseur du métal, cela se conçoit très-bien ; qu'on ait trouvé le moyen de rendre les effets d'une explosion beaucoup moins dangereux, beaucoup moins dévastateurs, en ne chauffant qu'une très-petite quantité d'eau, bien que le volume de vapeur à produire dans un temps donné reste le même, la chose est parfaitement compréhensible. Mais l'inexplosibilité, dans le sens absolu du mot et tel que le comprennent souvent les acquéreurs des systèmes dits inexplosibles, est la solution d'un problème impossible dans la pratique. A l'appui de cette opinion, les faits s'accumulent depuis quinze ans que la concurrence, dans la fabrication et dans la vente des machines à feu, a mis dans les prospectus et les annonces le qualificatif *inexplosible*. La sécurité dans l'emploi de la vapeur est établie dans la plus grande limite qu'on puisse atteindre, quand les générateurs, à quelque système qu'ils appartiennent, sont solidement construits, bien installés pour la circulation libre du liquide et de la vapeur, et que leur conduite est confiée à un agent prudent, sobre et instruit dans sa profession. L'imprévu comprend dans son domaine toutes les choses humaines, et les faits qui ont cette origine sont plus nombreux là où il se rencontre des éléments naturels très-puissamment actifs, que là où le travail de l'homme ne met en jeu que des corps ou des éléments constitutifs de direction facile. Donc, malgré tout, une chaudière à vapeur peut faire explosion comme la foudre peut incendier un édifice muni de paratonnerre, comme une maison solide peut s'écrouler minée par un courant d'eau souterrain brusquement né de mille effets lointains, comme un animal domestique peut subitement devenir furieux et rompre ses liens[1].

Les systèmes dits inexplosibles sont nombreux si l'on tient compte de tous ceux qui ne sont pas restés dans la pratique ; les six spécimens représentés sommairement dans la pl. XL ont eu, à divers titres, la faveur du public, quelques-uns la conservent encore.

Chaudière inexplosible à vapeur instantanée, système Hédiard et Joly. Pl. LX, fig. 18.

Le résumé de la description donnée par les inventeurs dans leurs prospectus, fera comprendre à quel titre leur appareil mérite les deux qualifications qu'ils lui ont données :

Les bouilleurs AA sont inclinés de l'avant à l'arrière et placés longitudinalement au-dessus du foyer F. Ils sont en communication, par leur partie inférieure, et à l'aide du tuyau *a*, avec la pompe alimentaire qui peut ainsi les alimenter simultanément.

La vapeur formée dans chaque bouilleur s'en échappe par la partie supé-

[1] Voir l'étude sur les explosions des machines à vapeur : Causes, effets, précautions par M. Ortolan. *Annales du Génie civil*, tome Ier, page 227 et tome 6e, page 85.

rieure pour se rendre au réservoir CB, par une série de tubes sécheurs *bb* plus ou moins nombreux en raison de la dimension de la chaudière ; par conséquent, une chaudière composée de plusieurs bouilleurs forme, par chaque bouilleur avec la série de tubes sécheurs qui lui appartiennent, autant de générateurs séparés dont la vapeur de chacun vient aboutir dans le réservoir commun.

La série de tubes sécheurs conduisant la vapeur au réservoir CB, se trouve placée au-dessus du bouilleur AA et n'en est séparée que par une voûte en maçonnerie établissant le retour de la flamme ; celle-ci prend la direction indiquée par les flèches (fig. 18).

Le réservoir CB, placé à l'arrière de la chaudière, est en communication par le bas et au moyen de tuyaux *aa* avec la partie inférieure des bouilleurs, afin que le niveau de l'eau fournie par l'alimentation puisse s'établir régulièrement et dans les bouilleurs et dans le réservoir B.

La vapeur est ensuite reprise dans la partie supérieure C du réservoir, pour être dirigée dans la machine, par une série de tubes surchauffeurs *m'*, où elle acquiert un certain degré de température nécessaire pour lui enlever toute son humidité.

Des coudes M ferment les tubes à leurs extrémités et les relient deux à deux, de manière à obliger la vapeur à les parcourir tous, les uns après les autres. Ces coudes ne maintiennent pas rigidement les tubes, ce qui laisse libre la dilatation ; ils se démontent sans difficultés pour le nettoyage intérieur.

La division de l'eau soumise à la vaporisation et le surchauffement de la vapeur, tels sont les deux effets produits dans l'appareil Hédiard et Joly. Ces deux effets sont évidemment très-favorables à une prompte vaporisation et à une bonne utilisation de la chaleur. Il est permis de croire que si les inventeurs avaient évité dans l'arrangement du système l'*emprisonnement* momentané de la vapeur dans la masse d'eau de génération remplissant les bouilleurs et les tubes, ils auraient atteint le résultat final annoncé : 10 litres d'eau vaporisée par kilogramme de houille consommée. La complication du système est moins réelle qu'apparente ; cependant, il y a à regretter la multiplicité des joints, bien que leur démontage et leur confection soient faciles.

A quel titre cet appareil est-il inexplosible ? Le niveau en B peut se trouver à la hauteur convenable et l'eau manquer dans l'un des bouilleurs A ; il suffit pour cela de l'obstruction accidentelle des tuyaux d'alimentation *a* ou de la fermeture, par erreur, des robinets *b* qu'ils portent. L'accumulation des dépôts terreux ou calcaires dans le fond des bouilleurs inclinés ne paraît pas être suffisamment évitée, et doit exposer cette partie à une détérioration assez prompte, sinon à des avaries par suite d'un surchauffement du métal.

Il faut remarquer à l'avantage du système, qu'une explosion se produisant dans les conditions les plus désastreuses pour les chaudières à bouilleurs ordinaires, c'est-à-dire formation instantanée d'une grande quantité de vapeur, par n'importe quelle cause, aurait ici des effets désastreux infiniment moins grands ; en effet, le volume de vapeur formée dans les deux cas serait évidemment proportionnel à celui de l'eau contenue dans le vase déchiré. Toutes choses égales par ailleurs, il est incontestable que les désastres causés par l'explosion d'un kilogramme de poudre de guerre sont moins grands que ceux produits par une quantité deux fois plus grande. On ne saurait trop préciser, dans l'esprit des intéressés, la valeur réelle de ce qualificatif trop souvent prodigué : *chaudière inexplosible.*

La nouvelle qualification, appareil à vapeur instantanée, est ajoutée depuis quelque temps à la précédente ; MM. Hédiard et Joly s'en sont servis, non sans raison : comme pour l'inexplosibilité, il y a à se rendre un compte exact de la valeur du mot dans la pratique, et à ne pas conclure, sans avoir raisonné le fait, qu'une chaudière doit être forcément économique parce qu'elle donne de la vapeur très-peu de temps après l'allumage du feu dans le foyer. Pour une même qualité de combustible et une même intensité du feu, le temps nécessaire à produire de la vapeur est forcément encore proportionnel au volume d'eau chauffée, le rapport entre les surfaces de chauffe et les surfaces de grille restant dans les limites rationnelles, soit entre 30 et 40. Les faits ont prouvé surabondamment que le plus ou moins grand volume de l'eau dans la chaudière n'avait qu'une très-faible influence sur la consommation de combustible pour produire une puissance motrice donnée.

L'avantage des chaudières de faible volume par comparaison, indépendamment de la question explosion, sont de faire obtenir promptement et à volonté (jamais instantanément) une augmentation ou une diminution de la pression ; de donner assez de vapeur, après dix ou vingt minutes d'allumage, pour mettre la machine en fonction. Les désavantages sont d'exiger une très-grande régularité dans le maintient du niveau de l'eau, par suite d'obliger le conducteur des feux à une surveillance minutieuse et constante, à un chauffage trop régulier pour pouvoir être soutenu pendant toute une journée. On peut dire avec raison que les irrégularités de pression sont fréquentes dans les générateurs à faible volume d'eau, au même titre que l'allure du mouvement est irrégulière dans une machine motrice *sans volant.*

Chaudière inexplosible, à foyer extérieur, à circulation forcée, système Howard. Pl. XL, fig. 23.

Sur un tube collecteur, placé horizontalement en contre-bas de l'autel, viennent s'embrancher des tubes horizontaux 8, 9, 10, 11. Sur chacun de ceux-ci sont tenus six tubes verticaux 1, 2, 3, dont l'extrémité supérieure communique avec le collecteur supérieur *Cnn*, qui est le réservoir de vapeur ; chaque tube vertical *a* en contient un autre *b* (voir le détail à droite de la fig. 23), ce qui forme une chambre annulaire autour de *b* et une chambre centrale en *b ;* la chaleur en frappant la paroi circulaire *a* échauffe l'eau de la chambre annulaire, ce qui provoque un mouvement ascensionnel dans cette région et un mouvement descendant dans la chambre centrale *b*, où l'eau est évidemment beaucoup moins chaude. Une circulation rapide se manifeste ainsi dans tout l'appareil et régularise la température dans les parties qui produisent directement la vapeur.

Le fourneau V est pris dans la maçonnerie en briques réfractaires qui contient l'appareil métallique ; au moyen de cloisons, la flamme est dirigée en retour dans une galerie, dont la porte de nettoyage est P, et de là dans la cheminée qui aboutit en H. La partie supérieure des tubes verticaux forme avec le collecteur supérieur *Cnn*, le magasin de vapeur protégé du contact direct de la flamme par des écrans à briques. L'alimentation se fait directement dans le collecteur du bas ; elle est réglée à la main par les soupapes *al*.

On a pu comprendre, par la description qui précède, que le système dont il est question est basé sur ces trois principes rationnels de la transmission prompte de la chaleur dans un liquide : 1° division de la masse liquide ; 2° circulation active des parties de liquide chauffées par le seul effet des différences de densité ; 3° multiplicité des surfaces de chauffe actives.

Les critiques exposées précédemment s'appliquent entièrement à la chaudière Howard. On peut y ajouter en plus les inconvénients faciles à se produire, si, dans cet appareil, il n'est pas fait usage d'une eau pure ou tout au moins très-faiblement séléniteuse et complétement privée de matières terreuses.

L'inventeur n'a pas cherché, ce semble, à éviter les difficultés de construction et les complications de la main-d'œuvre ; aussi, le prix de vente de ses appareils est-il notablement au-dessus de celui des chaudières à bouilleurs tubulaires dont le rendement, à la longue, n'est pas inférieur à celui obtenu avec le système dont il s'agit.

La chaudière Lecherf dont la puissance vaporisatrice a été de 9 kil. 500 de vapeur par kilogramme de charbon brûlé (expérience du mois de mars 1863), peut être placée certainement en ligne de concurrence avec l'appareil Howard, qu'on dit pouvoir vaporiser dans un *essai* 10 lit. d'eau par kilogramme de houille. Les prix comparatifs donnent la préférence au premier système, et la durée du service est aussi très-probablement en sa faveur :

		Prix par cheval : Lecherf.	Howard.
Appareil de	24 chevaux	120 fr.	325
—	50 chevaux	110 fr.	175

Soit pour la chaudière Howard, une différence moyenne en plus de 85 fr. par force de cheval dans les limites de 24 à 50 chevaux.

Chaudière locomobile, verticale, à bouilleur vertical, dite inexplosible, système Maulde et Wibart. Pl. XL, fig. 24.

Un cylindre vertical *ab*, à fond supérieur V, en forme de calotte sphérique, contient un gros bouilleur B affectant la forme d'une longue marmite et descendant dans le foyer. Cette disposition permet d'utiliser une grande surface de chauffe directe sous un petit volume de l'ensemble de la chaudière, de donner une épaisseur très-grande à la tôle par suite de la simplicité du façonnage du métal, et assure une très-grande résistance. L'appareil ne comprenant aucune surface plane, les gaz chauds et les produits solides de la combustion sont entraînés au dehors et passent dans la chambre annulaire *le* et la cheminée H. Des portes de vidange P, P permettent le nettoyage des lames d'eau et du bouilleur. L'ensemble est fixé sur une plaque à demeure ou mobile. L'eau d'alimentation s'échauffe dans un réservoir *dd*.

On comprend sans peine que la chaudière Maulde et Wibart est solidement établie, que sa puissance vaporisatrice doit être satisfaisante, comparativement à la plupart des générateurs verticaux et non tubulaires, que le dégagement facile de la vapeur dans le réservoir V doive aider efficacement à l'économie du combutisble et à la formation d'une vapeur suffisamment sèche ; mais on ne comprend pas en quoi et comment elle est inexplosible.

La possibilité de donner aux tôles une plus grande épaisseur que dans les systèmes plus composés en raison de la simplicité de travail de main-d'œuvre, n'est pas une réponse bien sérieuse : la tôle d'une épaisseur plus grande que celle en usage dans la construction des producteurs de vapeur, loin de présenter une plus grande sécurité, la diminue, parce que la transmission de chaleur à travers le métal ne se fait pas assez promptement : celui-ci se surchauffe, s'oxyde et se crevasse à la longue. — D'ailleurs, si la chaudière Maulde et Wibart n'a pas les qualités qui distinguent les appareils dits inexplosibles, il n'en a pas certainement les défauts, et à ce dernier titre il peut se placer en concurrence avec les meilleurs systèmes dont il a à tort brigué la réputation faiblement justifiée, ainsi qu'il a été prouvé par les considérations précédentes.

Chaudière inexplosible, système Belleville. Pl. XL, fig. 25 et 26

Cet appareil a été longuement décrit dans les *Annales du Génie civil*, 8e année, page 813. Il suffira de rappeler succinctement ici la disposition de son ensemble.

Dans un corps de maçonnerie en briques réfractaires, E (fig. 26) ou dans une enveloppe de terre réfractaire, maintenue par des cloisons de tôle de fer, des tubes en fer TT formant des séries de serpentins parallèles continus, au moyen des coudes de raccord *bb*, sont étagés et communiquent par série à un collecteur alimentaire *d* et à un collecteur de vapeur *c*. La vapeur à diriger dans la machine motrice est prise dans un épurateur *e* qui communique avec le collecteur *c*. Un récipient cylindrique A (fig. 25) ou cylindro-sphérique (fig. 26) dit *cylindre-niveau* communique par le haut avec le collecteur de vapeur *c*, et par le bas avec celui de l'eau *d*, la pompe alimentaire agit dans le récipient muni d'un tube niveleur. Le fourneau F est pris dans la partie inférieure de la maçonnerie enveloppante. La flamme et les gaz chauds lèchent les serpentins du bas remplis d'eau, et ceux du haut où passe la vapeur pour se rendre dans le réservoir *c*. Quelquefois, un surchauffeur R, affectant également la forme d'un serpentin, fait suite aux tubes sécheurs (fig. 26) et conduit la vapeur dans un cylindre réservoir V.

Une longue durée en service, à condition que l'eau d'alimentation soit pure ; une montée en vapeur très-prompte (de 10 à 15 minutes), une sécurité très-grande contre les explosions désastreuses et une grande réduction du volume et du poids, sont jusqu'à cette heure, les qualités caractéristiques des appareils Belleville. A ces avantages sont fatalement liés les inconvénients dont il a été fait mention ci-avant, et auxquels aucun système dit inexplosible, mis dans la pratique jusqu'à ce jour, n'a pu être soustrait. Le régulateur alimentaire dont sont munies les chaudières Belleville réalisent un progrès, il faut le reconnaître ; son fonctionnement est régulier à terre, mais pour les machines marines, il laisse encore à désirer.

La question importante des facilités de réparation n'est pas complétement résolue dans le sens des promesses absolues de l'inventeur. L'économie de combustible n'est pas encore suffisamment prouvée. Les bons effets du principe rationnel suivi par l'inventeur : *division de la masse d'eau, grande étendue des surfaces de chauffe active* sont en partie neutralisés par l'emprisonnement momentané de la vapeur dans les tubes où elle est formée.

Chaudière inexplosible, verticale, cylindrique, à circulation d'eau forcée, système Field. Pl. XL, fig. 27.

Dans le cylindre *ab* est le foyer entouré d'eau; le ciel de celui-ci est percé de trous dans lesquels passent, à joint étanche, des tubes *b* formés par en bas et suspendus pour ainsi dire à une faible distance de la grille. Chaque tube *b* en reçoit un second I de plus petit diamètre, évasé à la partie supérieure, ouvert des deux bouts et maintenu par des ailettes appuyées contre l'orifice du tube fixe. Ainsi, un espace annulaire existe entre les deux tubes et constitue un réservoir d'eau soumis à la chaleur très-active qui frappe l'enveloppe plongée en partie dans la flamme du foyer ; l'eau du tube intérieur étant plus dense que celle de la chambre annulaire, elle descend au fur et à mesure dans son contenant, et remplace la première qui, à un moment donné, monte à la surface de la masse d'eau totale à l'état de vapeur vésiculeuse ; le courant qui s'établit ainsi est très-rapide et empêche les dépôts séléniteux de se déposer dans le fond des tubes fixes. L'inventeur prétend qu'une chaudière de son système a pu marcher pendant cinq ans passés, sans que l'intérieur des tubes fût incrusté ; des extractions peu abondantes et périodiques faites dans la région supérieure du volume de l'eau, suffisaient pour entraîner au dehors les sels de différente nature emmenés par l'eau d'alimentation. Un pareil fait ne s'explique pas complétement.

On a pu comprendre, par la description sommaire de l'appareil Field, qu'il est très-proche parent de l'appareil Howard (fig. 23). Il a en plus la simplicité dans la construction, la facilité de nettoyage et la liberté de dégagement de la vapeur. Il mérite d'être étudié dans un fonctionnement de durée et d'entrer en concurrence avec les systèmes en faveur. En Amérique, on l'emploie avec avantage dans les machines motrices à incendie, où la promptitude de mise en vapeur et la légèreté de l'ensemble sont des conditions indispensables.

Chaudière à bouilleur ordinaire ; foyer à creusets parallèles de la société Sauret et Cie. Pl. XL, de 20 à 22.

L'arrangement très-original du foyer représenté sommairement Pl. XL, est dit *système fumivore*, et certainement il mérite cette qualification. Il est basé sur les principes rationnels d'une pratique éclairée par la science et renforcée par l'observation. *Ne commencer le chauffage* qu'après la combustion active [1].

L'installation est applicable à tous les générateurs à bouilleurs, à foyer extérieur ; elle est limitée à la disposition de l'intérieur de la maçonnerie, dans laquelle l'appareil métallique est logé. A un foyer ordinaire K'C', sont adjoints deux creusets M, M, dont on limite la profondeur, et par suite le volume de combustible qu'ils doivent recevoir, au moyen d'un autel mobile logé dans le fond (sur la fig. 22, le trait horizontal au-dessus de la lettre M indique la limite de l'autel dans le cas où la longueur du foyer ne devrait comprendre que quatre conduites d'air). Par les portes A'A' (fig. 20), le combustible est introduit dans les creusets, où une ventilation mécanique

[1] Consulter, sur cette question importante, l'ouvrage remarquable de Villiam, traduit par M. Bona Christave : *Combustion du charbon*. Paris, E. Lacroix, éditeur, et le travail du même auteur sur la fumivorité, dans les *Annales du Génie civil*.

arrivant par le tuyau G (fig. 23), les coudes R (coupe FG), et RS (fig. 20) détermine une combustion très-active ; les gaz dont la température est très-élevée, sont chassés dans le fourneau K′ (fig. 21), en passant par les ouvertures latérales du creuset qui regardent le dessous du bouilleur ; la ventilation qui se fait par le conduit ST (fig. 21) apporte de l'oxygène dans le haut de la chambre de combustion M, et chasse le courant des gaz enflammés dans la direction des trous de passage dans le grand fourneau K′. Les escarbilles et les mâchefers sont retirés du creuset par l'ouverture que l'on fait libre à volonté, en retirant le coude R (coupe FG) tenu à charnière sur le conduit G (fig. 22).

La dépense de force motrice par le ventilateur ne dépasse-t-elle pas le bénéfice d'une meilleure combustion de la houille dans les creusets et dans le grand fourneau ? Cette question s'impose à l'esprit après le premier examen du système Sauret. Nous n'avons pas en ce moment de données suffisantes et des renseignements exacts pour y répondre ; mais le fait de la fumivorité est incontestable et l'utilisation des charbons de qualité médiocre et même très-inférieure est une considération importante en faveur de l'installation du système.

Extrait des *Annales du Génie civil*, années 1870-1871.

Imprimerie Polytechnique de E. Lacroix, à St-Nicolas-Varangéville (Meurthe).

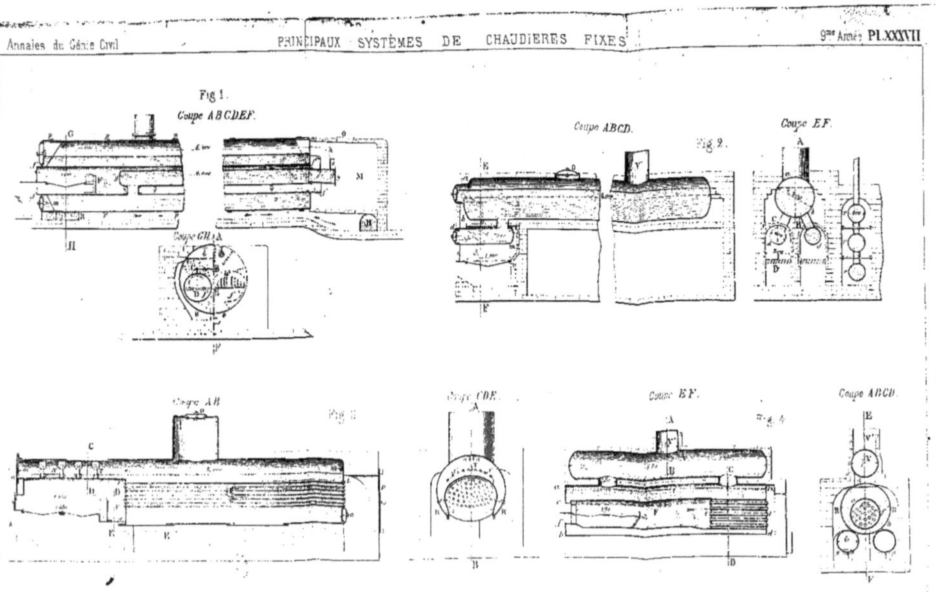

Paris, Eug. LACROIX

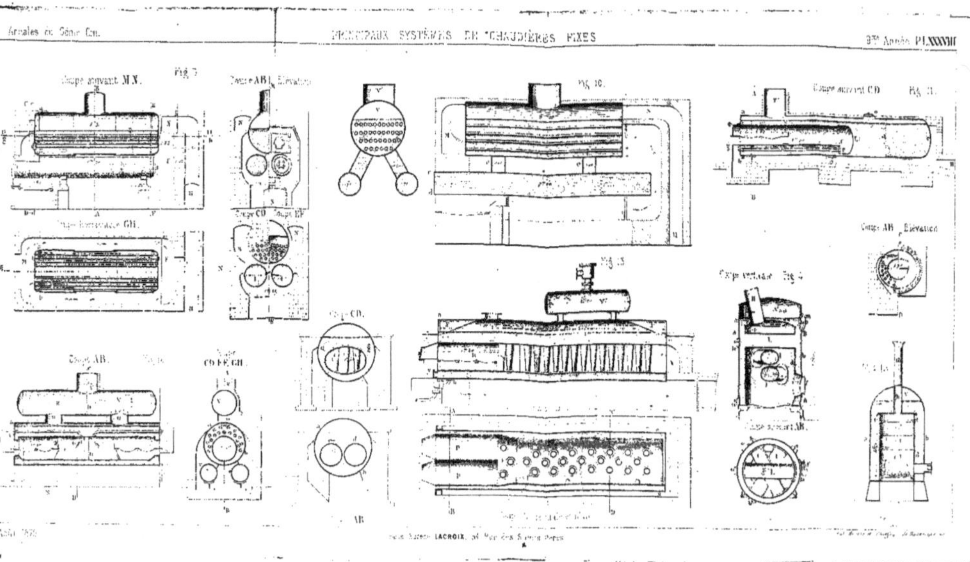
Annales du Génie Civ.
PRINCIPAUX SYSTÈMES DE CHAUDIÈRES FIXES
Coupe suivant M.N.
Fig. 10.
Coupe suivant C.D.
Coupe AB. Élévation
Coupe AB.
Coupe suivant AB.
Paris, Eugène LACROIX, 54 Rue des Saints Pères

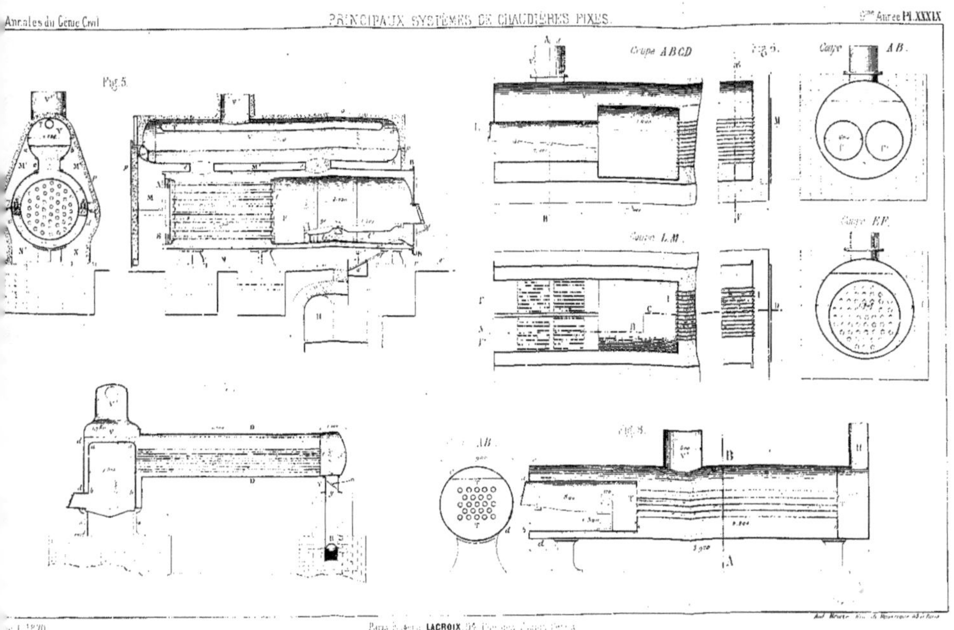
Annales du Génie Civil
PRINCIPAUX SYSTÈMES DE CHAUDIÈRES FIXES.
9me Année Pl. XXXIX
Fig. 5.
Coupe ABCD
Coupe AB.
Coupe LM.
Coupe EF.
LACROIX

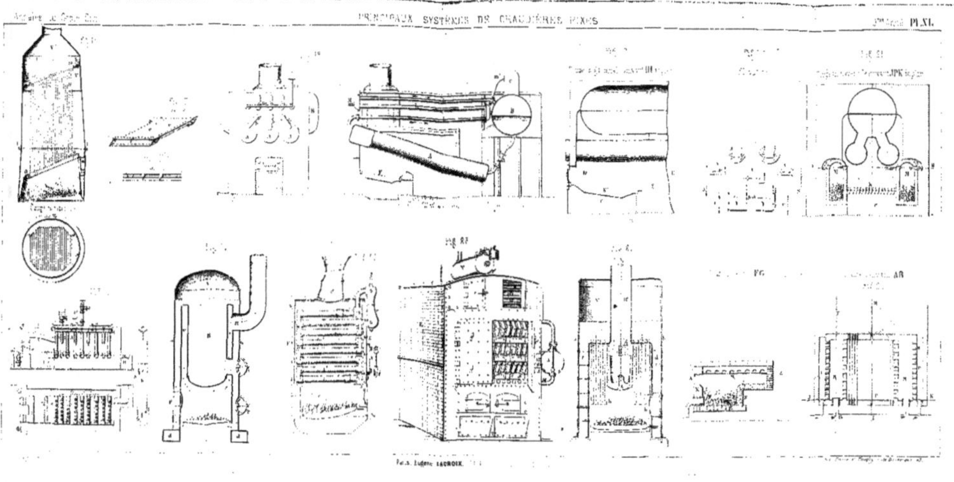
PRINCIPAUX SYSTÈMES DE CHAUDIÈRES FIXES
Pl.XI.
Fig. 22
Paris, Eugène LACROIX

Publication trimestrielle. 2 fr. par an. Le n° 75 c.

BIBLIOGRAPHIE

DES

INGÉNIEURS, DES ARCHITECTES

DES

CHEFS D'USINES INDUSTRIELLES

DES

ÉLÈVES DES ÉCOLES POLYTECHNIQUE ET PROFESSIONNELLES

ET DES AGRICULTEURS

REVUE CRITIQUE DES LIVRES NOUVEAUX

PAR

EUG. LACROIX

De la Société industrielle de Mulhouse

IVe SÉRIE. N° 6.

PUBLICATIONS DU DEUXIÈME TRIMESTRE 1867

Prix du n° : 75 c.

Avis. — Tous les ouvrages sans indication de prix n'ont pas été destinés à être livrés dans le commerce, nous prions donc nos abonnés de ne pas nous en adresser la demande, nous ne pourrions que très-rarement les satisfaire. A cette occasion, nous prions ceux de nos lecteurs qui seraient en possession de quelques-uns de ces ouvrages qui, pour eux, deviendraient sans utilité, de vouloir bien nous en proposer l'acquisition, pour nous aider à compléter notre collection et celle de quelques-uns de nos abonnés.

Nous rendrons compte de tous les ouvrages (concernant les sciences, l'industrie et l'agriculture) dont il aura été adressé deux exemplaires au bureau de la rédaction, 15, quai Malaquais.

PARIS

LIBRAIRIE SCIENTIFIQUE, INDUSTRIELLE ET AGRICOLE

EUGÈNE LACROIX, ÉDITEUR

Librairie de la Société des Ingénieurs civils

15, QUAI MALAQUAIS, 15

*On trouve tous les numéros de ce recueil, et on peut se procurer les ouvrages dont il fait mention, à **Paris**, au bureau 15, **quai Malaquais**, et pour la **France et l'étranger**, **chez les libraires souscripteurs** dont les noms suivent :*

		Ex.			Ex.
Angers.	Barassé.	25	Lille,	Beghin.	25
Barcelone,	Verdaguer.	25	Lisbonne,	Silva Junior.	25
Beauvais,	Praquin.	25	Madrid,	Duran.	100
Besançon,	Marion.	25	—	Bailly-Baillière.	25
Bordeaux,	Feret fils.	25	Mans (Le),	Loger, Boulay et Ce.	25
—	Muller.	25	Metz,	Warion.	25
Bruxelles,	Lebègue et Ce.	100	Milan,	Dumolard.	25
—	Rosez.	25	Moscou,	Gautier.	25
—	Decq.	100	Mulhouse,	E. Perrin.	25
Charleville,	Letellier	25	Nantes,	Mme Veloppé.	25
Chartres,	Petrot-Garnier.	25	Nîmes,	Giraud.	25
Châteaudun,	Pouillier-Vaudecraine.	25	Odessa,	Camoin frères.	25
			Paris,	Lacroix (Eugène).	
Gand,	Hoste.	25	Rotterdam,	Kramers.	25
—	Lebrun-Devigne.	25	Saint-Malo,	Coni.	25
—	Snock, Ducaju et Ce.	25	Saint-Pétersbourg,	J. Issakoff.	200
Gênes,	Beuf.	25	Strasbourg,	Salomon.	25
Genève,	Desrogis.	25	Toulon,	Rumébe	25
Guebwiller,	Jung (J.-B.).	25	Troyes,	Dufey-Robert.	25
Laon,	Longuet Robert.	25	Turin,	Bocca.	25
Liége,	Decq.	100	Valenciennes,	Giard.	25
—	Sazonoff.	100			

Avis. — Tous les ouvrages précédés d'un astérisque sont publiés ou acquis en nombre par la *Librairie scientifique, industrielle et agricole* de Eugène Lacroix, libraire de la Société des Ingénieurs civils, etc., etc.

Toutes les personnes qui désirent se défaire de certains ouvrages rares ou d'un prix élevé, ou qui veulent acquérir ce genre d'ouvrages, peuvent nous le faire savoir : nous publierons la notice des demandes et des offres dans ce bulletin.

Tous les libraires de la province et de l'étranger sont engagés à souscrire à cette Bibliographie, qui leur sera livrée au prix de revient. En la distribuant gratuitement parmi leur clientèle, ils feront connaître utilement, pour eux d'abord, et aussi pour les amateurs, les principaux ouvrages publiés en France et à l'étranger.

Les tirages au minimum de cent sont imprimés au nom du libraire-souscripteur.

F. L.

Paris.—Typ. Rouge frères, Dunon et Fresné, rue du Four-St-Germain, 43.

Ouvrages publiés en France et en Belgique pendant le 2e trimestre 1867

AVRIL A JUILLET 1867

A

500*. **Annales du Génie civil** et recueil de Mémoires sur les mathématiques pures et appliquées, les ponts et chaussées, les routes et chemins de fer, les constructions et la navigation maritime et fluviale, l'architecture, les mines, la métallurgie, la chimie, la physique, les arts mécaniques, l'économie industrielle, **le génie rural**; **Annales et revue descriptive de l'Industrie** française et étrangère; publiée par une réunion d'ingénieurs, d'architectes, de professeurs et d'anciens élèves de l'École centrale et des Écoles d'arts et métiers, avec le concours d'ingénieurs et de savants étrangers. Paris, imp. Bourdier.

6e année de la publication.

SOMMAIRE DES MATIÈRES CONTENUES DANS LES LIVRAISONS DU 2me TRIMESTRE 1867.

Notice sur la distribution d'eau du district de Saconnex, près de Genève, avec figures dans le texte, par M. Arthur Achard (Pl. XIV).

Hydrodynamique. — Théorie de la turbine, par M. de Pambour.

Le Capitole à Washington (Etats-Unis). Planches XII et XIII, par M. C. T.

Une question de sylviculture, avec figures dans le texte, par M. Alexis Frochot.

Percement du Mont-Cenis. : Note sur l'état actuel des travaux, par M. A. Chauveau des Roches.

Renseignements sur les écoles professionnelles en France. : Ecole de Mulhouse, par M. A. Ortolan.

Expériences sur la combustion et sur la résistance que les morceaux de combustible sur la grille opposent au passage de l'air, par M. Ch. Schinz, ingénieur (Traduit de l'allemand avec l'approbation de l'auteur), par M. E. Fiévet, ingénieur, ancien élève de l'Ecole centrale des arts et manufactures, avec deux figures dans le texte.

Usines de la Providencia, construites à San-Sebastian (Espagne). Stéarinerie, fabrique de bougies et savonnerie, par M. Léon Droux, ingénieur (Pl. XVI et XVII).

Note sur l'engrais chimique de M. G. Ville, par M. Basset.

Note sur le bordage en tôle des portes d'écluse, par M. J. H. Brockhans, ingénieur des ponts et chaussées du royaume de Belgique, avec figure dans le texte.

Trace-roulis et trace-vagues, inventés par MM. Pâris père et fils, avec figures dans le texte.

Nivellement. Notice sur le niveau parallèle, par M. V. Simon (Pl. XVIII et XIX).

Des matières colorantes dérivées de la houille, ou Memorandum concernant leur historique, leurs préparations, propriétés, nature, action sur les ouvriers chargés de leur fabrication et leurs applications les plus générales, par M. Etienne Ferrand, pharmacien.

Pont tournant métallique à une volée établi sur un passage de 10m, à Rotterdam, par M. Octave Marchal (Pl. XX).

Les **Annales du Génie Civil et de l'Industrie** paraissent mensuellement depuis le 1er janvier 1862, par brochures de 4 ou de 5 feuilles grand in-8° (64 à 72 pages) avec figures intercalées dans le texte, et 4 planches grand in-4°, de manière à former chaque année un volume d'environ 800 pages et un atlas de quarante planches.

PRIX DE L'ABONNEMENT ANNUEL :

Pour toute la France (*franco*). . . . . **20** francs.
Pour l'Etranger. . . . . **25** —
Prix des numéros séparés (*franco*). . . . **3** —
Pour l'Etranger . . . . **3** fr. **50** c.

Les numéros ne se vendent séparément que pour les années en cours de publication, chaque volume étant broché dès que l'année est terminée.

Prix de chaque année écoulée prise séparément.

Franco pour toute la France. . . . . **25** francs.
Pour l'Etranger . . . . **30** —

501. Annuaire des **lignes télégraphiques**. 1er janvier 1867. In-8, 443 p. Paris, imp. Impériale.

502*. ACHARD (Arthur). Notice sur la **distribution d'eau** du district de Saconnex, près Genève, avec planche et fig. dans le texte.

Annales du Génie civil, livraison d'avril. 3 fr.

503. Art (l') de **plonger et de travailler sous l'eau.** Éclairage électrique sous-marin. In-16, 48 p. et pl. Rennes, imp. Oberthur. 50 c.

B

504*. BASSET (N.). Note sur **l'engrais chimique** de M. Ville.

Annales du Génie civil, livraison de mai. 3 fr.

—* Les **sucreries** indigènes, étrangères et exotiques à l'Exposition de 1867. 1er article.

Etudes sur l'Exposition, 3e fascicule. 4 fr.

505*. BERLIOZ (I.), ingénieur, constructeur. L'**horlogerie** dans toutes ses parties, y compris les horloges électriques. 1er article avec fig. dans le texte.

1er fascicule des *Etudes sur l'Exposition*. . 4 fr.

506. BLOMMENDAL (A. H.) Des **barrages de l'Escaut** oriental et du Sloe au point de vue technique. In-8, 84 p. La Haye, imp. Swart et fils. 2 fr. 50 c.

507*. BOITARD (Eugène), ancien élève de l'École polytechnique, professeur d'hydrographie de 1re classe. Résolution des problèmes sur **les chronomètres** pour l'examen des candidats au grade de capitaine au long cours. Grand in-8. 1 fr. 25 c.

508*. BOURGOIN D'ORLI (P. H. F.). Guide pratique de la culture du

cafier et du **cacaoyer**, suivi de la **fabrication du chocolat**. 1 vol. in-18, 102 p. 3 fr.

Bibliothèque des professions industrielles et agricoles, série H, nº 46.

Ce guide est le résultat d'observations personnelles de l'auteur, pendant plusieurs années en Asie ainsi qu'en Amérique. Il sera consulté avec fruit, surtout par ceux qu'intéresse la culture du cafier et du cacaoyer dans nos colonies.

509. BOURRY (Jules). Voir Fabrication de briques.

510. BRIOT et MARTIN. **Géométrie élémentaire**, 3e *édition*. In-12, VIII-208 p. avec fig. Corbeil, imp. Crété. 2 fr. 25 c.

511*. BRŒKHANS, ingén. des ponts et chaussées de Belgique. Note sur le **bordage en tôle** des portes d'écluses, avec fig. dans le texte.
Annales du Génie civil, livraison de mai. 3 fr.

512*. BROISE et THIEFFRY, autographes. Album encyclopédique des **Chemins de fer**, publication autorisée par les Compagnies. Chaque livraison mensuelle se compose de 12 pl. 1/2 grand aigle.
Prix de la livraison. 4 fr.
Il paraît 10 à 12 livraisons par an.

SOMMAIRE DE LA 30me LIVRAISON.

349	Bâtiment pour machine alimentaire de 12 m. c. à l'heure.	
350	Installation de la machine et des pompes.	(Lyon).
351, 352	Wagon à marchandises, à châssis brisé.	(Bournique et Vidard).
353, 354	Réservoirs à fond sphérique. Détails.	(Lyon).
355	Changement de marche à vis.	
356	Appareil à injection.	(Lyon).
357	Indicateur d'arrêt pour bifurcation.	(Lyon).
358	Bâtiment pour machine alimentaire de 12 m. c.	
359	Disposition des fondations pour les cas des eaux profondes.	(Lyon).
360	Bâtiment pour machine alimentaire de 12 m. c. cheminée.	(Lyon).

Comme on le voit, cette publication compte déjà 360 livraisons. Les ingénieurs, les constructeurs, les administrateurs, en un mot toutes les personnes qu'intéressent les chemins de fer ont compris l'utilité de cet album dont chaque livraison est consacrée : à un plan, à un appareil, à une voiture, à un organe spécial, etc., représentés avec des côtes exactes et pouvant servir de modèles. Nous avons publié dans une de nos livraisons précédentes la table des matières des livraisons qui avaient paru à cette époque. Dans une prochaine livraison nous compléterons le travail.

513*. Bulletin de la **Société industrielle de Mulhouse**. 12 livraisons mensuelles. M. Dolfus, président. Mulhouse, imp. Bader. Prix de l'abonnement : Paris. 15 fr. Province. 18 fr.

2me TRIMESTRE 1867. — SOMMAIRE :

Un travail important de M. Leloutre sur les machines à vapeur surchauffée, doit remplir un bulletin double (*avril* et *mai*). Par suite de quelques difficultés d'exécution, ce bulletin ne pourra être distribué que plus tard. En attendant, nous publions celui du mois de juin.

Bains et lavoirs établis à Mulhouse. — Résumé des séances des 26 août et 26 septembre 1866.

514. CANÉTO (abbé) vic. gén. d'Auch. De l'**émaillerie** ancienne et moderne et de quelques émaux envoyés du sud-ouest aux galeries de l'histoire du travail. (Exposition universelle de Paris, 1867.) In-8, 31 p. Auch, imp. Foix.

C

515*. CASTOR. Recueil **d'appareils à vapeur** employés aux travaux de navigation et de chemins de fer. Gr. in-8, 104 p. et 1 at. gr. in-fol. de 24 pl. doub., cart. Paris, imp. Lainé et Havard. 50 fr.

516. CAVALLI (Jean). Recherche dans l'état actuel de l'industrie métallurgique de la plus puissante **artillerie** et du plus formidable **navire cuirassé** d'après les lois de la mécanique. In-4, 148 p. 6 tableaux, 2 pl. Turin, imp royale.

517*. CHATEAU (L.). Le **mobilier** à l'Exposit. de 1867. 1er article.
Etudes sur l'Exposition, 2me fascicule. 4 fr.

518. CHAUVAC DE LA PLACE. (Chef de section aux chemins de fer de l'Est.) Supplément aux nouvelles tables pour le **tracé des courbes de raccordement** (chemins de fer, routes et chemins). In-16, 65 p. Château-Thierry, imp. Renaud. 2 fr.
L'ouvrage sans le supplément se vend 3 fr.

519*. CHAUVEAU DES ROCHES. Percement du **Mont Cenis**. Note sur l'état actuel des travaux.
Annales du Génie civil, livraison d'avril. 3 fr.

520. COMBES, PHILLIPS et COLLIGNON. Exposé de la situation de la **mécanique appliquée**. In-8, 260 p. Paris, imp. Impériale.

521. COULIER. Description des **phares** existant sur le littoral maritime du globe. 19e *édition*. In-18 jésus, 292 p. Paris, imp. Renou et Maulde.

D

522. DAGUZAN, artiste peintre. Les **beaux-arts** et l'industrie l'Exposition universelle.
Etudes sur l'Exposition de 1867, 1er fascicule. 4 r.

523*. DALEMAGNE (L.). Notice sur les **matériaux silicatisés**. Exposition universelle 1867. In-16, 61 p. Paris, imp. Divry et Cie.

524*. Décret concernant les **établissements réputés insalubres**, dangereux ou incommodes, 31 décembre 1866.
Annales du Génie civil, livraison de juin. 3 fr.

525*. DELBOS et KOECHLIN-SCHLUMBERGER. Description **géologique et minéralogique** du département du Haut-Rhin. T. II. In-8, 551 p. Colmar, imp. Decker.

526*. DELPRINO (le chev.). Perte dans le produit de la **soie** par suite des défauts des systèmes usuels, et appréciation des nouvelles méthodes cellulaires isolatrices, après 5 années d'expérience, démontrée par un rapport officiel. 1 vol. in-8, 39 p. et 2 tabl. 1 fr. 50 c.

—* La nouvelle **sériciculture**, enrichie de 20 planches démonstratives, avec laquelle l'éducation des vers à soie a été changée en agréable passe-temps, avec le gain de 15 0/0 sur les systèmes en usage. 1 vol. in-8, 80 pages. 4 fr.

527. Dictionnaire général et raisonné de la **construction** et de tout ce qui a trait aux travaux publics et particuliers; ainsi qu'aux usages, lois et règlements qui les régissent, ou aide-mémoire du constructeur, par Achille Juquin, greffier des bâtiments. Architecture, construction, terrassement, maçonnerie, charpente, couverture, etc.

Conditions de la souscription :

L'ouvrage complet comprendra 100 livraisons à 50 c. Prix de la souscription à l'ouvrage complet. 40 fr.

(L'auteur étant mort subitement, nous ne savons s'il sera donné suite à cette publication.)

528*. DROUX (Léon). Usines de la Providencia, contruites à San-Sebastian (Espagne). **Stéarinerie**, fabrique de bougies et savonnerie, avec 2 planches.

Annales du Génie civil, livraison de mai. 3 fr.

529. DU BREUIL. Instruction élémentaire sur la conduite des **arbres fruitiers**. 6e *édition*. In-18 jésus, 207 p. Corbeil, imp. Crété.

530. DUCLAUX, professeur suppléant de chimie. De la fabrication et de la conservation des **vins**. In-8, 16 p. Clermont-Ferrand, imp. de Mont-Louis.

E

531*. ÉMION (V.), avocat à la Cour impériale. La liberté et le courtage des **marchandises**, commentaire pratique de la loi du 18 juillet 1866. In-18 jésus, 142 p. Corbeil, imp. Crété.

Ce travail est le commentaire utile d'une législation un peu confuse peut-être, mais qui a le mérite de consacrer la liberté du courtage des marchandises. Ce livre, écrit avec une grande clarté, résout toutes les difficultés que peut présenter l'interprétation de la loi.

Bibliothèque des professions industrielles et agricoles, série I, no 7.

532. **Etudes sur l'Exposition** de 1867, ou les **Archives et les Annales de l'industrie au XIXe siècle**, aperçu général, encyclopédique, méthodique et raisonné de l'état

actuel des arts, des sciences, de l'industrie et de l'agriculture chez toutes les nations, recueil de travaux techniques, théoriques, pratiques et historiques; par MM. les rédacteurs des *Annales du Génie civil*, avec la collaboration de savants, d'ingénieurs et de professeurs français et étrangers. Eugène Lacroix, directeur de la publication. 1er fascicule. 15 mai 1867. In-8, 100 p. et 6 planc. Paris, imp. Bourdier et Cie. 4 fr.

SOMMAIRE DU PREMIER FASCICULE.

Introduction, par M. E. Lacroix. — Les Beaux-Arts et l'Industrie, par M. Daguzan, p. 5. — Impression et teinture des tissus, par M. Kæppelin, p. 13, pl. 4, 5 et 6. — Machines à vapeur, par MM. Jules Gaudry et Ortolan, p. 40, pl. 1, 2 et 3. — Horlogerie dans toutes ses parties, y compris les horloges électriques, par M. J. Berlioz, p. 64. — Le Génie rural à l'Exposition universelle de 1867, par M. J. Grandvoinnet, p. 82.

SOMMAIRE DU 2me FASCICULE.

Tissus, généralités, par M. Parant, planche VII.—Suite des articles de MM. Gaudry et Ortolan : Machines à vapeur (suite).—Les Cartes et les Globes, par M. Pierraggi. — Etudes sur les goudrons et leurs nombreux dérivés, par M. C. Knab. — Constructions civiles, habitations, par M. L. Puteaux, planches X, XI, XII, XIII. — M. Château : Le mobilier. — M. Kæppelin : papiers peints.

SOMMAIRE DU 3me FASCICULE.

Fabrication des papiers peints, fin de l'article, par M. Kæppelin.—La sucrerie indigène, étrangère et exotique à l'Exposition universelle de 1867. par M. Basset. — Bijouterie, orfévrerie, par M. P. Schwaeble.—Les animaux domestiques à l'Exposition universelle de 1867, par M. Eug. Gayot. —Les tulles et les dentelles à l'Exposition, par M. F. Thomas, ingénieur mécanicien. — Matériel et procédés de l'exploitation des mines, par MM. Emile Soulié et Alfred Lacour, pl. XIV, XV et XVI, premier article, par M. E. Soulié. — Bois et forêts, par M. A. Robinson.

SOMMAIRE DU 4e FASCICULE.

Bois et forêts, par M. Robinson (suite). — Habitations ouvrières, par M. le comte Foucher de Careil. — Instruments de musique, par M. F. Boudoin. — Étude sur l'essai et l'analyse des sucres, par M. E. Monier. — Cartes et Globes (suite), par M. Pieraggi. — Appareils météorologiques enregistreurs, par M. A. F. Pouriau (pl. XVII). — Animaux domestiques à l'Exposition universelle, par M. E. Gayot (suite). — La télégraphie à l'Exposition universelle, par M. le comte Th. Du Moncel.

SOMMAIRE DU 5e FASCICULE.

La télégraphie à l'Exposition universelle, par M. Du Moncel (suite et fin). — Impression et teinture des tissus, par M. D. Kæppelin (suite).— Les métaux bruts à l'Exposition universelle, par M. Dufréné (pl. XIX). — Le mobilier, par M. L. Château (suite). — Sellerie, par M. E. de Forget. — Les tulles et dentelles (suite et fin), par M. F. Thomas. — Les corps gras alimentaires, par M. A. Robinson. — Tables des matières des planches et des figures.

Chaque fascicule se vend séparément 4 fr., pour l'étranger 5 fr.

L'ensemble de ces articles, véritable rapport non officiel de l'**Exposition de 1867**, devra, d'après le plan adopté et les prévisions du *Comité de rédaction*, se composer de *vingt* livraisons ou fascicules.

Chaque fascicule comprend environ cent pages de texte compacte gr in-8, avec figures intercalées et 6 ou 7 planches doubles, soit, pour l'ou-

*

vrage complet, un ensemble de quatre forts volumes d'environ 500 pages chacun, illustrés de 400 à 500 bois et accompagnés d'un atlas d'environ 150 planches.

Prix de l'abonnement.

A l'ouvrage complet, 20 fascicules (brochés en 4 volumes et 1 atlas): France et Algérie 60 fr., l'étranger 70 fr.

La première série, fascicules 1 à 5, est aujourd'hui publiée; elle forme un beau volume gr. in-8 de 500 pages, illustrée de nombreuses figures dans le texte et accompagnée de 19 grandes planches. Prix de cette première série : France et Algérie 20 fr., l'étranger 24 fr. La 2e série sera formée des fascicules 6 à 10; la 3e série des fascicules 11 à 15; la 4e série des fascicules 16 à 20. Le prix de ces trois autres séries sera le même que celui de la première qui est aujourd'hui terminée.

F

533. Fabrication (la) de **briques**, de produits céramiques, de chaux et ciment. Délibération de la première assemblée de la société allemande pour la fabrication de briques, de produits céramiques, de chaux et de ciment, tenue à Berlin les 12 et 13 janvier 1865. Traduit par Julien Bourry. In-8, 48 p. Paris, imp. Hennuyer et fils.

534. FREY, docteur, professeur à l'université de Zurich. Le **Microscope**, manuel à l'usage des étudiants. In-8. VIII-261 p. Strasbourg, imp. Ve Berger-Levrault.

G

535*. GAUDRY (Jules), ingénieur des chemins de fer de l'Est, et ORTOLAN (A.). mécanicien principal de la marine impériale. Les **machines à vapeur** à l'Exposition, avec 3 planches.
Etudes sur l'Exposition. 1er fascicule. 4 fr.

536*. GAYOT (Eug.), membre de la Société impériale et centrale d'agriculture de France. Les **animaux domestiques** à l'Exposition de 1867. 1er article.
Etudes sur l'Exposition. 3e fascicule. 4 fr.

537. GIRARD, ingénieur civil. Le **chemin de fer glissant** à propulsion hydraulique. In-12, 71 p. Imp. Gauthier-Villars.

538. GIROUD. De **l'effilochage des laines**; spécialité par le système du lavage complet. Notice publiée à l'occasion de l'Exposition universelle de Paris, 1867. In-8, 56 p. Grenoble, imp. Allier père et fils.

539*. GRANDVOINNET (J.), ingénieur, professeur de génie rural. Le **génie rural** à l'Exposition de 1867. 1er article.
Etudes sur l'Exposition. 1er fascicule. 4 fr.

540. GRIMAUD DE CAUX. [Principes concernant les **eaux pu-**

bliques. Application au canal de Marseille. In-8, 56 p. Paris, imp. Gauthier-Villars.

541. GUIBERT fils. Avantages de l'emploi exclusif du fer pour la **construction** des coques des **navires** de commerce. In-8, 24 p. Nantes. imp. Meison.

542. Guide livret international de l'**Exposition** universelle 1867. Edition française. In-12, 315 p. 2 fr.

H

543. HOCQUART. Le **Vétérinaire** pratique, etc. 4e *édition* du Bouvier modèle. In-18 jésus, 324 p. et 4 pl. St-Denis, imp. Moulin.

I

544. — **Introduction** aux Etudes sur l'Exposition de 1867.
1er fascicule, prix 4 fr.

J

545*. JAMMET, architecte et vérificateur. **Maçonnerie** et carrelage à façon. Prix de règlement applicables aux travaux exécutés dans le courant de 1867, suivis des sous-détails raisonnés établis d'après la chambre des entrepreneurs, et des expériences nouvelles. *Edition* de 1867. In-4, 35 p. Paris, imp. Cosse et Dumaine. 5 fr.

546. JULLIEN (le P.) de la Compagnie de Jésus. Problèmes de **mécanique rationnelle** disposés pour servir d'applications aux principes enseignés dans les cours. 2e *édition*. T. 2. In-8, XIV-549 p. Paris, Gauthier-Villars. Les deux vol. 15 fr.

K

547*. KÆPPELIN, chimiste industriel. Etude sur l'**impression** et la **teinture** des **tissus**. 1er article avec 3 planches.
Etudes sur l'Exposition. 1er fascicule. 4 fr.

—* Fabrication des **papiers peints**. 1er article.
Etudes sur l'Exposition. 2me fascicule. 4 fr.

—* Suite de l'étude sur la fabrication des **papiers peints**.
Etudes sur l'Exposition. 3me fascicule. 4 fr.

548*. KNAB (C.), ingénieur chimiste. Etude sur les **goudrons** et leurs nombreux dérivés, exposés en 1867.
Etudes sur l'Exposition. 2me fascicule. 4 fr.

L

549. LAMBERTYE (Comte de). Culture forcée par le thermosiphon des fruits et légumes de primeur. 4e livraison : haricot et tomate. In-8, 35 p. avec fig. Evreux, imp. Hérissey. 1 fr. 25 c.

550. LACOUR. V. Soulié.

551*. LACROIX (Eug.). **Bibliographie des ingénieurs**, des architectes, des chefs d'usines industrielles, des élèves des Écoles polytechnique et professionnelles, et des agriculteurs; 3e série. Ouvrages publiés pendant les années 1862-1865. 2e *édition*, revue, corrigée et complétée par une table méthodique des matières et une table alphabétique des noms d'auteurs. In-4, 332 p. Paris, imp. Rouge frères, Dunon et Fresné.

La 1re série comprend les ouvrages remarquables publiés avant 1857. La 2me les ouvrages publiés du 1er janvier 1857 au 31 décembre 1861.
Les trois séries dans le format in-4 se vendent ensemble 50 fr.
La 2e série in-4, seule 10 »
La 3e série in-4, seule 10 »
La 1re série, tirée à cent exemplaires, ne se vend pas séparément. — Les souscripteurs aux trois séries ont droit à l'abonnement gratuit à la 4e série 1866 à 1870 inclus, tirage in-8.

552. LACROIX (S. F.) de l'Institut. Éléments d'**algèbre** à l'usage des candidats aux écoles du gouvernement. 22e *édition*. 1er fascicule. In-8, 256 p. Paris, imp. Gauthier-Villars. 6 fr.

553. LEBEUF. Culture des **champignons** de couches et de bois, et de la truffe. Gr. in-18, 108 p. avec fig. Clichy, imp. Loignon et Cie.

554*. LE CLER (A.), ingénieur civil. Mémoire sur l'endiguement et la mise en culture des polders ou liais de mer de la baie de Bourgneuf (Vendée). In-8, 53 p. et 7 pl. Paris, imp. Bourdier et Cie.

555*. LE CORDIER. L'hygiène du **cheval**. In-8, 27 p. Dreux, imp. Lemenestrel.

555* *bis*. LECORNU. Agriculture de **l'île de Jersey**. In-8, 56 p. Paris, imp. Bouchard-Huzard.

556*. LE MAIRE (U. F. M.). **Comptabilité des chemins de fer**, service des recettes, manuel du chef de station, in-8, 38 p. Liége, imp. Thier et Lovinfosse. 1 fr.

557. LULYT, ingénieur des mines. La **Métallurgie** à l'Exposition de Stockolm en 1866. In-8, 25 p. Lyon, imp. Pitrat.

558. LYELL, membre de la Société royale de Londres. Éléments de **géologie**, ou changements anciens de la terre et de ses habitants tels qu'ils sont représentés par les monuments géologiques. Traduit de l'anglais sur la 6e édition par M. J. Ginestou. 6e *édition*. 2 vol. in-8, vi-1257 p. et 770 grav. Corbeil, imp. Crété.

M

559*. MASSELIN. Dictionnaire raisonné et Formulaire du métré et de la vérification des travaux de terrasse, maçonnerie et carrelage, comprenant tous les sous-détails à fourniture et façon. Fascicule n° 1. In-8, 32 p. Saint-Germain, imp. Lancelin. 1 fr.

Les planches et dessins formeront le 5e fascicule. (On souscrit à l'ouvrage complet pour 20 fr.)

Le 2e fascicule vient de paraître. Nous reviendrons sur cet ouvrage important dans notre prochaine *Bibliographie*.

560.* MARCHAL (Oct.). **Pont tournant métallique** à une volée, établi sur un passage de 10 m. à Rotterdam avec 1 pl.

Annales du Génie civil, livraison de juin. 3 fr.

561. MARIAGE. L'**industrie sucrière** de l'arrondissement de Valenciennes à l'Exposition universelle de 1867. In-8, 90 p. et tableau. Valenciennes, imp. Henry.

562. MARTIN. Note sur l'industrie du **fer**, 1867. In-8, 16 p. Paris, imp. Lainé et Havard.

563. MARTIN (de). Études sur la fabrication des **fromages** (fermentation caséique). In-8, 60 p. Montpellier, imp. Boehm et fils.

564*. **Mémoires et compte rendu** des travaux de la **Société des ingénieurs civils**, fondée le 4 mars 1848. 19e année.

Cette publication paraît trimestriellement par volume de 8 à 10 feuilles de texte grand in-8 et 7 ou 8 pl. gravées sur cuivre.

Prix de l'abonnement, 20 fr. — Prix des numéros séparés. 7 fr.

4e TRIMESTRE. 19e ANNÉE. SOMMAIRE.

Notice sur les appareils fumivores appliqués aux machines à vapeur et notamment aux machines locomotives employant la houille, par M. Turck. — Note sur les ressorts en rondelles d'acier du système Belleville, par M. Jules Morandière. — Note sur les progrès réalisés dans la sucrerie indigène par le procédé de M. Robert de Massy, par M. Crépin.— Analyse de l'ouvrage publié par M. de Weber sur l'art du télégraphe et des signaux de chemin de fer, par M. Goschler.

SOMMAIRE DU 1er TRIMESTRE 1867. — 20e ANNÉE DE LA PUBLICATION.

Communication relative au système de ventilation par l'air comprimé, par M. Piarron de Mondésir. — Ventilation des mines, par M. Lebaître. — Mémoire sur l'endiguement et la mise en culture des polders de la baie de Bourgneuf (Vendée), par M. Achille Le Cler.

565*. Mémoires et travaux des **mécaniciens de la marine impériale**, publication destinée aux mécaniciens de la marine impériale, à ceux de la marine marchande et, dans beaucoup de cas, à la généralité des mécaniciens et des chauffeurs pour les machines locomotives et locomobiles. In-8, VIII-132 p. et 8 pl. Paris, imp. Bourdier et Cie.

Calcul de la puissance nominale et effective des machines à vapeur. — Des différentes méthodes en usage, par M. A. Ortolan. — Table du travail de la vapeur avec détente et sans détente. Tableau de concordance de la mesure de la pression de la vapeur en Angleterre avec celle de la même mesure en France. — Description des deux indicateurs de P. Garnier et de l'indicateur de Richard, par M. Périé. — Description sommaire de la machine marine à trois cylindres, par M. Gibert. — Transport du charbon des soutes d'approvisionnement à la chambre de chauffe, à bord des navires anglais, par M. Gibert. — Tubes mobiles pour chaudières à vapeur, par M. V. Langlois. — Résultats donnés par la machine de la *Magnanime*, à trois cylindres, par M. Mérelle. — Explosion de la petite chaudière à haute pression, à bord du *Carmel*, par M. Hunziguer. — Exemples de chaudières foudroyées, par M. A. Ortolan. — Des tranchants à donner aux outils pour couper le fer, d'après les expériences de M. Joëssels. — Chaîne articulée pour le nettoyage extérieur des tubes de chaudières, par M. Joublin. — Formule et tableau pour trouver le nombre et la dimension des roues à placer sur les tours à fileter pour obtenir le pas de vis proposé, par M. Gilbert. — Installation faite à bord du *Rhin* pour vider l'eau de cale pendant l'échouage du bâtiment (système Chalier), par M. Juhel. — Construction d'un taraud pouvant donner un pas de vis quelconque (système Chalier), par M. Lambinet. — Plomb de sonde ramasseur, par M. Poisat. — Procédé pour cintrer les verres du casque d'un scaphandre, par M. Gilbert. — Réparations des avaries de la machine du *Brandon* (160 chevaux), par M. G. Imbert. — Réparation d'un tourillon de manivelle de la machine du *Jean-Bart*, par M. Gibert. — Confection d'une chappe de tête de bielle à bord de la *Garonne*, par M. Girandon. — Réparation d'une couronne de piston à bord de l'*Algésiras*, par M. Dougados. — Réparation des tubes de chaudières, au moyen de bagues en plomb, à bord du *Coëtlogon*, par M. Chérade. — Nouvelle garniture des boîtes à étoupes, procédé Jacobi. — Précautions à prendre en employant un scaphandre neuf. — Condensation de la vapeur dans le cylindre, due à la détente, par M. Stade, traduit de l'anglais par M. E. Garnault. — Note sur la détérioration des chaudières à vapeur. — Extrait d'un mémoire de M. E. Paget, traduit de l'anglais. — Résumé des conditions imposées par la marine aux fournisseurs de machines à vapeur. — Opérations des commissions de recette. — Résistance des solides de différentes formes à la force de flexion, formules d'application, par M. Cochet. — Calcul de la dépense de chaleur occasionnée par l'extraction. Extrait d'une note de M. Hubac. — Résumé des expériences faites sur les charbons employés au chauffage des chaudières. — Réparation des avaries survenues au cadre de l'hélice de l'*Entreprenante*, par M. L. E. Poisat. — Consolidation des plaques de tête des tubes de chaudières. Réparation faite par M. Menguy. — Installation simple pour vérifier la fermeture des robinets, par M. A. Ortolan. — Des différents suifs employés au graissage des machines à vapeur. Leur falsification. Emploi du suif chimique, par M. Joublin. — Économie de l'injecteur.

566*. MOLL et GAYOT. La connaissance générale du **mouton**, études de zootechnie pratique sur les races ovines françaises et étrangères, leur reproduction, leur élevage, leur entretien, leurs produits, leurs maladies, avec atlas de 97 fig. In-8, 536 p. Mesnil, imp. Firmin Didot.

N

567*. **Nouveau portefeuille des principaux appareils, machines et outils** employés dans les différentes professions industrielles et agricoles, mines, machines à vapeur ; revue générale des expositions et des inventions françaises et étrangères. Directeur, Eug. Lacroix ; rédacteur en chef, L. Rueff.

Il paraît une livraison chaque mois depuis le 1er janvier 1866. Elle se compose de 4 planches grand in-4, avec notes et légendes explicatives ; plus, 4 pages de texte compacte grand in-8 à deux colonnes.

SOMMAIRE DE LA 2e ANNÉE. — JANVIER, FÉVRIER, MARS, AVRIL.

Machine élévatoire pour la construction des bâtiments et ouvrages d'art (pl. I). Exploitation des mines: parachute (pl. II, fig. 1 et 2). Brise-glace construit sur le Weser à Brême (pl. II, fig. 3 à 8). Machine à air chaud de Laubereau (pl. III). Fabrication du sucre, appareil d'évaporation, ou cuisson des jus sucrés (pl. IV, fig. 1 à 4). Variétés. I. Appareils pour consolider les tubes des chaudières à vapeur. — II. Bouchon d'alliage fusible contre les explosions des chaudières à vapeur, résultant soit de l'excès de pression, soit du manque d'eau, par Schmits. — III. Outil d'Hogan pour retirer les clous. — *Février*. Fabrication du sucre. Filtres-presse cylindriques de P. Du Rieux et Ed. Rœttger (pl. V et VI). Réchauffage des colles et séchage des bois d'ébénisterie (pl. IV, fig. 5). Machine à vapeur de Chaillot pour élever les eaux de la Seine, construite par MM. Schneider, du Creuzot (pl. VII et VIII). Variétés : Outil pour élargir les trous de mines (pl. III, fig. 5 et 6). — *Mars*. Générateurs inexplosibles à circulation multiple, de J. Belleville (pl. IX et X). Appareils de chauffage par le gaz d'éclairage, de Brodin et Ce (pl. VI, num. de février). Réception du matériel des chemins de fer; courbure et dressement des rails (pl. XI). Appareils purificateurs de l'eau des chaudières à vapeur (pl. XII). Variétés: Tuyaux de jardinage pour conduite d'eau (système Hanoteau, breveté), Barbezat et Ce, maîtres de forges (pl. XI). — *Avril*. Pompe à incendie à vapeur (système Lee et Larned), construite par F. Mazeline au Havre, compagnie des chantiers de l'Océan (pl. XIII et XIV). — Montage des matériaux: Appareil Mogy et Dubois (pl. XII, num. de mars). Fontaines publiques de la ville de Stuttgard (pl. XV). Pompe à main à double effet (pl. XVI). — Variétés: Outil pour couper les goujons taraudés des boîtes à feu des locomotives, de Gros, chef des ateliers de réparation des machines d'Esslingen (pl. XVI). — Etude de soupape (pl. XVI). — Note sur l'emploi des tuyaux silico-calcaires cimentés, de A. Pestel. Hauteur à laquelle s'élèvent les jets d'eau.

568. Notice sur la **filature des lins** de France, de Belgique et d'Algérie. In-8, 11 p. Lille, imp. Lefebvre-Ducrocq.

O

569*. ORTOLAN, mécan. princ. de la marine impériale. Les machines à vapeur de **navigation fluviale et maritime**. 1er article.
Etudes sur l'Exposition. 1er fascicule. 4 fr.

—* *Idem*. 2e article avec deux planches, et fig. dans le texte.
Etudes sur l'Exposition. 2e fascicule. 4 fr.

P

570*. PALAA, conducteur des ponts et chaussées. Supplément pour 1865 et 1866 au **Dictionnaire** législatif et réglementaire des **chemins de fer** et au Répertoire général des documents sur l'établissement, l'entretien, la police et l'exploitation des voies ferrées. Grand in 8, 248, p. Saint-Nicolas, imp. Trenel. 5 fr.

Ce supplément comprend, avec des modèles très-détaillés d'application, la nouvelle législation des chemins de fer d'intérêt local.
L'ouvrage primitif, 1 fort vol. gr. in-8, prix 12 fr.
Le 1er supplément, 1 vol. gr. in-8. 5 fr.

571*. PAMBOUR (de). Hydrodynamique : Théorie de la **turbine**.—

Détermination du volume d'eau dépensé, avec tableaux.
Annales du Génie civil, livraison d'avril. 3 fr.

572*. PARANT (Eug.), fabricant de tissus. Les **tissus** à l'Exposition, Généralités, avec 1 planche.
Etudes sur l'Exposition, 2e fascicule. 4 fr.

573.* PARIS (vice-am.). **Trace-roulis** et **trace-vagues** inventés par MM. Pâris et fils, officiers de marine, avec fig. dans le texte.
Annales du Génie civil, livraison de mai. 3 fr.

574. PAYEN, de l'Institut. Précis de **chimie industrielle**. 5e *édition*. T. 1. In-8, 708 p. et 17 pl. Paris, imp. Lahure. Les 2 vol. 25 fr.

575. PELLETIER, vérificateur. Tarif des prix de règlement des travaux de **treillages** et de **rustiques**. *Edition* de 1867. In-4, 13 p. Paris, imp. Cosse et Dumaine. 2 fr.

576*. PENOT. Les **Cités ouvrières** de Mulhouse et du département du Haut-Rhin. *Nouvelle édition*, augmentée de la description des bains et lavoirs établis à Mulhouse. In-8, 178 p. et 9 pl. Mulhouse, imp. et lib. Bader. 3 fr. 50 c.

—* Les **Institutions privées** du **Haut-Rhin**. Notes remises au comité départemental pour l'Exposition universelle de 1867. In-8, 104 p. Mulhouse, imp. Bader. 1 fr. 50 c.

577*. PIARRON DE MONDÉSIR, ingénieur des ponts et chaussées, et LEHAITRE. Communication relative à la ventilation par l'**air comprimé**. 1° Par M. Piarron de Mondésir : Théorie. Expériences. Application en cours d'exécution au Palais de l'Exposition universelle de 1867. Application à la métallurgie, aux hôpitaux, aux théâtres, aux navires, à la soufflerie des forges. 2° Par M. Lehaitre : Application à la ventillation des mines. In-8, 78 p. Paris, imp. Bourdier, Capiomont fils aîné et Cie.
Extrait des Mémoires de la Société des ingénieurs civils.

578. PERCY. Traité complet de **métallurgie**, traduit par MM. E. Petitgand et A. Ronna, ingénieurs. T. 5. Cuivre et zinc. 1re partie. In-8, XIV-564 p. Lagny, imp. Varigault. 18 fr.

579*. PIERAGGI. Les **cartes** et les **globes** à l'Exposition. 1er art.
Etudes sur l'Exposition, 2e fascicule. 4 fr.

580. PILLOY, pépiniériste. Traité d'**horticulture** et d'**arboriculture**. In-8, 31 p. Mézières, imp. Lelaurin. 1 fr.

581*. **Portefeuille des conducteurs des ponts et chaussées et des garde-mines**, publié par la Société des constructeurs. Mémoires, notes et documents pratiques relatifs aux constructions en général, accompagnés de nombreuses planches d'ensemble et de détail ; statistique ; prix de revient, etc. 7e série.

Il paraît par an une série formée de 10 numéros. Chaque numéro se compose de 4 pages de texte in-fol. à 2 col. et de 4 pl. de même format.

Prix de l'abonnement annuel à cette publication :

Paris, 15 francs; province, 18 francs; étranger, 22 francs.

SOMMAIRE DES NUMÉROS 1 ET 2 DE LA 8e SÉRIE.

Modifications apportées aux puits à eau, note par M. Donnet. — Travaux de consolidation de la tranchée de Guerbastiou, note par M. Faivre; cintres roulants pour la construction des voûtes de consolidation des talus de la tranchée de Guerbastiou, note par M. Groult. — Tracé des routes et chemins, par M. Longuet. — Type d'habitation à bon marché, note par M. Faivre. — Mélanges. Purification des eaux potables.

SOMMAIRE DES LIVRAISONS 3 ET 4.

Notice sur l'établissement de la distribution d'eaux potables de Valenciennes, par M. Parsy. Jaugeages des petits et des grands cours d'eau, note par M. Rousselet. Note sur l'organisation des employés secondaires des ponts et chaussées, par M. Poliquet. — Modèle de devis pour l'exécution des ouvrages en asphalte, par M. Faivre.

582*. PUTEAUX (Lucien), architecte constructeur. Constructions civiles, **habitation**, avec 4 pl. 1er article.

Etudes sur l'Exposition. 2e fascicule. 4 fr.

583. PUTON, sous-inspecteur des forêts. L'aménagement des **forêts**. In-8, 165 p. Clichy, imp. Loignon et Cie. 1 fr. 50 c.

R

584*. RAMÉE (Daniel), architecte. Le **Palais de l'Exposition** universelle au Champ-de-Mars en 1867. In-8, 15 p. Paris, imp. Rouge frères, Dunon et Fresné. 50 c.

Cette brochure est une verte et judicieuse critique de la construction du palais.

585*. REY (P.). De l'urgence et des moyens d'assurer en France comme en Belgique la prospérité des **mines** (loi belge du 8 juillet 1865). In-8, 11 p. Lyon, imp. Ve Chanoine.

586*. ROBINSON, professeur à l'Association polytechnique. **Bois** et **forêts** (Exposition).

Etudes sur l'Exposition. 3me fascicule. 4 fr.

587. ROCHUT, médecin vétérinaire. Nouvelle **ferrure** pour le cheval. Fer Charlier, dit périplantaire. Lettres à M. H. Bouley, inspecteur des écoles vétérinaires, à Paris. In-8, 70 p. Paris, imp. Renou et Maulde.

588*. ROFFIAC (Vicomte de). **Plus d'inondations** ! Solution du grand problème de l'équilibre des eaux fluviales et des eaux alimentaires de la France par un système de travaux d'endiguement, de canalisation et d'irrigation. In-8, 43 p. Paris, imp. Chaix et Cie. 2 fr.

S

589. SAGOT (l'abbé). Petit traité spécial de la culture des **abeilles**

avec l'aumonière, ruche à cadre et greniers mobiles. Gr. in-18, 67 p. Paris, imp. Raçon et Cie.

590. SANSON, professeur de zootechnie. Économie du **bétail**. Applications de la zootechnie : cheval, âne, mulet, institutions hippiques. In-18 jésus, 368 p. Montereau, imp. Zanote. 3 fr. 50 c.

591*. SCHWÆBLÉ, ingénieur civil, ancien élève de l'École polytechnique. La **bijouterie** et la **joaillerie** à l'Exposition, avec fig. dans le texte. 1er article.

Etudes sur l'Exposition, 3me fascicule. 4 fr.

592. SGANZIN (feu) et REIBELL, inspecteurs généraux des ponts et chaussées. Programme, ou Résumé des leçons d'un cours de constructions. 5e *édition*. Texte. Livraisons 1 et 2. In-4, 96 p. Paris, imp. Thunot et Cie.

On annonce que l'ouvrage devra avoir 25 à 30 livraisons; il paraît une autre édition en Belgique.

593*. SIMON (V.). Nivellement. Notice sur le **niveau parallèle** avec deux planches.

Annales du Génie civil, mois de juin. 3 fr.

594*. SOULIÉ (Émile) et LACOUR (Alfred). Matériel et procédés de l'exploitation des **mines**. (Exp. de 1867) avec trois pl. 1er article.

Etudes sur l'Exposition. 3e fascicule. 4 fr.

T

595*. THOMAS (S. F.), ingénieur manufacturier. Les **tulles** et les **dentelles** à l'Exposition. 1er article, avec fig. dans le texte.

Etudes sur l'Exposition. 3e fascicule. 4 fr.

V

596*. VIGREUX et RAUX. Théorie pratique de l'**art de l'ingénieur**, du constructeur de machines et de l'entrepreneur de travaux publics. Ouvrage comprenant les introductions ou connaissances théoriques et leurs applications directes à toutes les branches de l'industrie et des travaux publics. Précédé d'une lettre aux auteurs, par M. Ch. Callon, ingénieur civil, professeur à l'École impériale centrale des arts et manufactures.

Partie didactique. 1re Introduction de la série B. In-8, 128 p. 2 fr.

Partie didactique, série B. Mémoire du projet no 1. Tracé des engrenages (consulter la 1re introduction de la série). In-8, 80 p. avec 1 atlas de 3 pl. doubles. 3 fr.

JOURNAUX TECHNOLOGIQUES ÉTRANGERS.

THE ARTIZAN (established 1843). A monthly *Engineering Journal.*

L'*Artizan*, revue mensuelle des sciences de l'ingénieur civil et de l'ingénieur mécanicien, de la construction navale, de la navigation à vapeur, de la chimie industrielle, etc., etc.

Série IV, vol. Ier (25e année), 1867.

SOMMAIRE DU PREMIER SEMESTRE 1867.

Coup d'œil rétrospectif sur les faits et gestes techniques de l'année 1867.

Recherches sur les grands enfoncements de terre sur les côtes septentrionale et occidentale de France, pendant la période historique, par M. R. A. Peacock, ingénieur civil, Jersey.

La livraison de juin de l'*Artizan* contient la fin de la première série de ces recherches extrêmement curieuses.

Les chaloupes de sauvetage de MM. Hire et White.

Les manomètres hydrauliques de Schaffer et Budenberg.

Locomotive à grande vitesse de M. G. C. Craven.

Le port de Geestemünde (Pl. 309).

Le pyroscaphe à hélice „*Bittern*", construit par M. Crichton (Pl. 310 et 311).

Statistique des mines de la Grande-Bretagne.

Recherches historiques sur les propulseurs à hélice.

(Examen de la priorité revendiquée par Joseph Ressel et autres.)

Machine à percer de MM. Neilson frères, Glasgow (Pl. 312).

La pente de Bore Ghaut, sur le grand chemin de fer péninsulaire des Indes-Orientales.

Le marché du travail aux États-Unis.

Le télégraphe électrique en Australie.

L'Exposition universelle de Paris. Compte rendu général des dispositions et descriptions du palais (Pl. 314).

Aperçu du groupe VI de l'Exposition.

Pompes à incendie à vapeur, à l'usage de la commune de Calcutta.

Le progrès industriel et la machine à vapeur, par M. Ewbank.

Traverses en fer pour les railways, par MM. Shanks et Nelson.

Compagnies de chemins de fer en faillite.

Manchons pour tuyaux à gaz et à eau, par M. Robbins.

L'inspection des chaudières à vapeur dans les comtés centraux de l'Angleterre.

Notes sur la construction de navires et de machines marines dans les chantiers de la Clyde (à Glasgow, Greenoch, Govan, etc.).

Machines d'une embarcation à vapeur, construite pour le gouvernement espagnol par la Compagnie des "Thames Iron Works" (Pl. 313).

Le transport à vapeur "Earl de Grey and Ripon" (Pl. 315 et 316).

Barques de sauvetage adaptées à la pêche.

Le Metropolitan District railway.

Docks flottants en fer, pour Bermuda.

Hélices de fondation pour les phares.

Vapeurs transatlantiques, etc., etc.

De plus, l'*Artizan* contient dans chaque numéro des comptes rendus des séances de l'Institution des ingénieurs civils de la Grande-Bretagne, de la Société Royale, de la Société des ingénieurs écossais, de la Société chimique, de l'Institution des constructeurs maritimes et d'autres sociétés techniques et savantes. Les principaux mémoires lus dans les séances de ces sociétés sont donnés *in extenso*.

Des comptes rendus sur la littérature technique et sur la jurisprudence industrielle se trouvent dans chaque numéro; et les faits et gestes les plus intéressants, afférents aux domaines du génie civil, de la construction navale, etc., sont recueillis dans la dernière partie de chaque livraison, sous le titre de "Notes and Novelties,,. On trouve dans l'*Artizan* également un tableau courant de toutes les patentes prises en Angleterre, et les noms des patentés.

En outre des gravures sur cuivre, l'*Artizan* est orné de nombreuses illustrations sur bois.

Le prix de l'abonnement est de 12 shellings (15 francs) par an, pour l'Angleterre. Le port en sus pour la France et les autres pays

Bureau de l'*Artizan* : 19, Salisbury Street, Strand, Londres, W. C.

Vient de paraître : NOTICE SUR LA DÉPOLARISATION DES NAVIRES EN FER, par M. Evan Hopkins, traduit de l'anglais par M. F. Craufurd, cap. de vaisseau de la marine britannique. — Prix : 3 francs.

FIN DU DEUXIÈME TRIMESTRE 1867.

CHRONIQUE

LES ÉTUDES SUR L'EXPOSITION DE 1867, PAR MM. LES RÉDACTEURS DES ANNALES DU GÉNIE CIVIL.

Des faits caractéristiques prouvent le succès qu'obtient cette publication. Les acheteurs qui avaient au début pris un simple fascicule, se sont empressés de souscrire à une série; aujourd'hui que la première série (fascicules 1 à 5) est terminée, ces mêmes acheteurs se font inscrire pour l'ouvrage complet, de manière qu'avant d'imprimer la sixième livraison, l'éditeur s'est vu obligé de faire un nouveau tirage des cinq premières.

A quoi est dû ce succès si rare, nous pourrions dire si exceptionnel, pour une publication technique, alors que le public accueille avec une indifférence notoire les tentatives multiples que l'on fait pour mettre sous ses yeux des images, sous prétexte de lui faire connaître l'Exposition, ou qu'on essaye de le saturer de réclames, en lui affirmant qu'on étudie les produits de l'industrie? C'est que pour les *Etudes sur l'Exposition* par MM. les rédacteurs des *Annales du Génie civil*, il y avait un noyau de souscripteurs tout formé, les abonnés de ces *Annales*, qui depuis bientôt six ans ont su apprécier le savoir, le mérite et l'esprit d'indépendance des rédacteurs de ce recueil, au courant de tous les progrès qui se réalisent en France et à l'étranger. Autour de ce noyau se sont bientôt groupés les acheteurs de fascicules isolés, qui après avoir lu trois ou quatre articles, ont compris que *les Etudes sur l'Exposition* sont un travail sérieux, complet, rapport véritable, quoique non officiel, sur la grande lutte internationale dont le palais du Champ-de-Mars est le théâtre.

Dans notre *Bibliographie*, on peut voir plus haut (page 103) le sommaire des cinq premiers fascicules. D'autres vont suivre rapidement : les premiers retards occasionnés par la gravure des planches imprimées à part et des figures intercalées, n'ont plus à se reproduire, les matériaux de deux nouvelles séries (10 fascicules) étant déjà entre les mains de l'éditeur. Tout peut donc nous faire espérer que la publication sera *terminée* dans un délai de trois à quatre mois, et, à cette occasion, nous devons faire à nos lecteurs une remarque qui est toute dans leur intérêt : c'est que le prix de vente est augmenté à mesure que les séries sont publiées, et que le prix de l'ouvrage sera porté à 80 fr., peut-être à 100 fr., lorsque l'ouvrage sera terminé.

Nous n'insisterons pas sur cette remarque, mais nous indiquerons cependant que le prix de la première série, qui avait été fixé à 15 fr., est porté à 20 fr., pour les non-souscripteurs, depuis que cette série est terminée (10 août), et qu'il y a ainsi, dès aujourd'hui, une véritable économie à s'abonner à l'ouvrage complet, dont le prix de souscription reste provisoirement fixé à 50 francs.

Il ne nous convient pas de faire ressortir le mérite de telle ou telle étude isolée; nous nous bornerons à constater le mérite de l'ensemble de l'œuvre, et si nous faisons cette constatation c'est que nous y sommes autorisés par les approbations écrites et verbales que nous avons reçues, et par l'accueil sympathique que nous avons rencontré dans un grand nombre de journaux.

Aujourd'hui nous nous bornerons à reproduire une des appréciations toutes spontanées que nous avons remarquées dans un journal de province.

On lit dans l'*Industrie du Nord et du Pas-de-Calais* :

« Le journalisme, en province, est souvent obligé d'accepter de confiance les appréciations de la presse parisienne sur les publications industrielles de grande portée; en effet, les hommes spéciaux dans les questions techniques sont nombreux là-bas et très-peu nombreux ici. Il est cependant des circonstances telles, que les journaux de la province doivent à leurs lecteurs de faire une enquête directe pour éclairer leurs intérêts et leur signaler ce qu'il y a *de mieux* parmi ce qui est proclamé bon et utile. Dans cette intention, nous avons attendu que les différentes publications nées de l'Exposition universelle de 1867 se soient affirmées autrement que sur les annonces et les prospectus, et c'est le résumé de notre opinion et celle des personnes compétentes que nous faisons connaître aujourd'hui sur l'ouvrage de haute portée qui a pour titre : *Études sur l'Exposition universelle de* 1867.

« Sa place est marquée au premier rang des livres qui resteront pour l'enseignement encyclopédique des arts et des procédés industriels. Cette œuvre audacieuse, comme provenant de l'initiative *d'un seul,* justifie ce que le directeur fondateur, M. E. LACROIX, a écrit dans l'introduction : « Notre but « est de faire un livre d'enseignement sur l'exposé véridique « des faits, le faire utile à l'ingénieur comme étant le correc- « tif du formulaire et l'annexe du traité spécial d'une science « d'application; le faire utile au manufacturier, au fabricant, « à l'agriculteur, à l'ouvrier instruit, à l'érudit, en y groupant « avec méthode les faits qui pourront toujours servir de « point de départ pour apprécier l'idée nouvelle, l'invention « proposée, le perfectionnement poursuivi ou atteint. »

« Les articles sont signés de noms d'hommes qui ont fait leurs preuves, ils portent un cachet de bonne provenance, ils sont écrits avec cette netteté, cette subtilité de jugement qui caractérise l'appréciation de ceux qui, comme on dit vulgairement, ont souvent *mis les mains à la pâte.*

« Nous nous inclinons très-respectueusement devant la réputation des savants dont la grande science est notoire, mais, tout en admettant que certaines intelligences ont le don de comprendre et d'apprécier tout à la fois ce qui est la science pure, l'application générale et la pratique des procédés, nous avons plus d'une raison pour leur préférer les suggestions d'une expérience de longue durée sur chacune des questions spéciales. Formuler une opinion ou décrire un procédé industriel en fort beaux termes, n'est pas toujours éclairer le fait sur le côté qui reflète le mieux la lumière. Est-ce à dire que les articles insérés dans l'œuvre remarquable dont nous parlons ont la sécheresse d'une légende de dessin ou la brièveté d'une solution arithmétique ? Non certes, et dans le plus grand nombre d'entre eux les auteurs ont évité en même temps l'aridité du langage technique et la tournure familière de la causerie ; celle-ci ne saurait convenir lorsqu'il s'agit de traduire dans un langage facilement intelligible les faits dont il faut avant tout conserver la précision ou la rigueur scientifique.

www.ingramcontent.com/pod-product-compliance
Lightning Source LLC
LaVergne TN
LVHW050436160826
845677LV00002BA/725